教育部高等学校医药类计算机基础课程教学指导分委员会推荐

高等学校医药类专业计算机基础课程系列规划教材

Visual Basic 程序设计
实验指导与习题

陈　素　主　编

刘秀峰　董鸿晔　副主编

高等教育出版社

内容提要

本书是教育部高等学校医药类计算机基础课程教学指导分委员会推荐的高等学校医药类专业计算机基础课程系列规划教材《Visual Basic 程序设计教程》一书的配套辅导书。本书在编写上充分考虑到医药类院校学生的专业特点和需求，同时结合了《全国计算机等级考试二级（Visual Basic 程序设计）考试大纲》的最新要求，主要内容包括"Visual Basic 程序设计概述"、"Visual Basic 程序设计基础"、"Visual Basic 程序结构控制"、"应用界面设计"、"过程"、"文件"、"数据库编程" 7 章内容，每一章都包括"学习目的与要求"、"重难点与习题解析"、"实验练习与分析"、"精选习题与答案"这 4 个部分。本书及主教材所配的教辅资源，均可从中国高校计算机课程网上下载，网址为：http://computer.cncourse.com。

本书适合作为高等院校各医药类专业计算机程序设计类课程的辅助教材，也适合作为 Visual Basic 程序设计培训及计算机等级考试辅导用书。

图书在版编目(CIP)数据

Visual Basic 程序设计实验指导与习题 / 陈素主编.

北京：高等教育出版社，2009.8

（高等学校医药类专业计算机基础课程系列规划教材）

ISBN 978 - 7 - 04 - 027818 - 7

Ⅰ. V… Ⅱ. 陈… Ⅲ. Basic 语言-程序设计-高等

学校-教学参考资料. Ⅳ. TP312

中国版本图书馆 CIP 数据核字（2009）第 130585 号

| 策划编辑 | 饶卉萍 | 责任编辑 | 俞丽莎 | 封面设计 | 赵 阳 |
| 版式设计 | 范晓红 | 责任校对 | 胡晓琪 | 责任印制 | 陈伟光 |

出版发行	高等教育出版社	购书热线	010 - 58581118
社　　址	北京市西城区德外大街 4 号	咨询电话	400 - 810 - 0598
邮政编码	100120	网　　址	http://www.hep.edu.cn
总　　机	010 - 58581000		http://www.hep.com.cn
		网上订购	http://www.landraco.com
经　　销	蓝色畅想图书发行有限公司		http://www.landraco.com.cn
印　　刷	北京奥鑫印刷厂	畅想教育	http://www.widedu.com
开　　本	787×1092　1/16	版　　次	2009 年 8 月第 1 版
印　　张	11	印　　次	2009 年 8 月第 1 次印刷
字　　数	250 000	定　　价	16.30 元

本书如有缺页、倒页、脱页等质量问题，请到所购图书销售部门联系调换。

本书编委

主　编　陈　素

副主编　刘秀峰　董鸿晔

编　委：（按姓氏汉语拼音顺序）

陈　素　广州中医药大学

董鸿晔　沈阳药科大学

何晓华　广州中医药大学

胡晓雯　南京医科大学

金玉琴　南京中医药大学

雷长海　第二军医大学

刘秀峰　广州中医药大学

苏小英　上海中医药大学

谭定英　广州中医药大学

序

　　教育部高等教育司 2007 年的 1 号文件提出"积极探索专业评估制度改革,重点推进工程技术、医学等领域的专业认证试点工作,逐步建立适应职业制度需要的专业认证体系",明确要求我国高校的医学教育要达到国际公认的专业认证体系的要求。

　　国际上对医药类专业本科毕业生在信息技术方面的要求如下。

　　(1) 从不同的数据库和数据源中检索、收集、组织和分析有关卫生和生物医学的信息;从临床医学数据库中检索特定病人的信息。

　　(2) 运用信息和通讯技术帮助诊断、治疗和预防以及对健康状况进行调查和监控。

　　(3) 能够运用信息技术保存医疗工作的记录,以便进行分析和改进。

　　(4) 医学院应保证学生懂得医学信息学,必须了解信息技术和知识的用途和局限性,并能够在解决医疗问题和决策过程中合理应用这些技术。

　　(5) 理解在做出医疗决定时应考虑到问题的复杂性、不确定性和概率。

　　(6) 提出医学假设,主动收集、整理、分析、评价各种资料,运用科学思维去识别、阐明和解决问题。

　　教育部高等学校医药类计算机基础课程教学指导分委员会经过大量的国内外调查研究和讨论,研究制定了"高等学校医药类专业计算机基础课程教学基本要求",提出了"2 + X"的课程模式,其中"2"代表两门必修课,即"大学计算机基础(医药类专业)"和"程序设计";"X"代表 4 门选修课,即"数据库技术及其在医学中应用"、"多媒体技术及其在医学中应用"、"医学图像成像及处理"及"医学信息分析与决策"。各门课程的主要内容如下。

　　(1) "大学计算机基础(医药类专业)"要求以信息技术的基本知识为基础、以数据处理及医学应用为主线、以能力培养为目标组织内容。

　　(2) "程序设计"要求以程序设计的基本知识为基础、以学习对实际医学问题提出"解决方案"的思维方法为主线、以培养针对医学问题制定信息收集、整理、分析、评价和解决方案的能力为目标。

　　(3) "数据库技术及其在医学中应用"要求以数据库技术的基本知识为基础、以培养建立数据库和在数据源中检索、收集、组织和分析有关卫生和生物医学信息的能力为目标。

　　(4) "多媒体技术及其在医学中应用"要求以多媒体技术的基本知识为基础、以培养运用多媒体技术在医学中应用的能力为目标。

　　(5) "医学图像成像及处理"要求以医学中常用的医学图像成像的基本知识为基础、以培养正确使用医学影像资源帮助诊断和治疗的能力为目标。

　　(6) "医学信息分析与决策"要求以决策分析的基本知识为基础,以培养考虑医学问题的复杂性、不确定性和概率,在解决医疗问题和决策过程中合理应用这些技术的能力为目标。

"大学计算机基础(医药类专业)"和"程序设计"为医药类专业的本科生必须具备的基本素质,其他课程可供不同专业选修。

高等教育出版社出版的"高等学校医药类专业计算机基础课程系列规划教材"就是根据"高等学校医药类专业计算机基础课程教学基本要求"编写而成的。列入本系列的教材,都是经过认真评审的优秀教材,力争做到"三新",即体系新、内容新、方法新。教材的出版仅是"万里长征的第一步",作者还必须根据读者的反映和需求不断修订原作,真正做到"与时俱进";我们希望作者把它打造成真正的精品教材。

"一切为了教学,一切为了读者"是我们的心愿,书中不足之处,恳望教师和同学们指正。

教育部高等学校医药类计算机基础课程教学指导分委员会
2009 年 4 月

前　言

　　教育部高等学校医药类计算机基础课程教学指导分委员在对"高等学校医药类专业计算机基础课程教学基本要求"进行研究的过程中,对是否有必要把程序设计作为医学本科生的必修课进行了反复讨论,结论是有必要作为必修课。该课程的重点是要培养学生分析问题和解决问题的思维方法和能力,以学习对实际医学问题提出"解决方案"的思维方法为主线,以培养针对医学问题、制定信息收集、整理、分析、评价和解决方案的能力为目标。

　　本书在编写上充分考虑了医药类院校学生的专业特点和需求,同时结合了《全国计算机等级考试二级(Visual Basic 语言程序设计)考试大纲》的最新要求,精心编写了符合等级考试要求的典型试题,遵循"任务驱动"的编写方式,将知识点的讲解和习题结合起来,通过对习题的解析,将知识点一一展开,有利于学生学习和掌握。本书适合作为高等院校医药类专业计算机程序设计相关课程的辅助教材,为方便教学,编者提供了丰富的教材资源,这些资源均可从中国高校计算机课程网上下载,网址为:http://computer.cncourse.com。

　　感谢教育部高等学校医药类计算机基础课程教学指导分委员会为本书的编写提供的指导与建议,同时也感谢编写组成员的精诚配合,共同努力完成了全书的编写工作。

　　由于编者水平所限,成稿时间仓促,书中如有不当之处或错误,敬请读者不吝赐教。

　　编者联系方式:385333017@ qq. com。

编　者

2009 年 4 月

目 录

第 1 章

Visual Basic 程序设计概述

【学习目的与要求】

1. 计算机应用系统开发

了解计算机应用系统开发的定义和开发过程。

2. Visual Basic 概述

了解 Visual Basic 的概念和特点。

3. Visual Basic 集成开发环境

(1) 了解 VB 集成开发环境的组成部分。

(2) 掌握窗体设计窗口、属性窗口、代码窗口和工程资源管理器窗口的使用。

4. VB 应用程序的建立、保存和打开

(1) 掌握标准 EXE 项目的建立方法。

(2) 了解 VB 文件的类型。

(3) 掌握 VB 项目的保存方法。

5. VB 中类和对象

(1) 理解类和实例。

(2) 理解对象及其属性、方法和事件。

6. 事件驱动的编程机制

(1) 理解事件驱动和事件过程的概念。

(2) 理解事件驱动的应用程序的执行流程。

7. MVC 编程模式

了解 MVC 编程模式的组成和特点。

8. VB 应用程序开发步骤

了解 VB 应用程序的开发步骤。

【重难点与习题解析】

1. 计算机应用系统开发

计算机应用系统开发,是指根据用户对计算机技术应用的需求,分析手工处理的流程,设计计算机应用系统的内部结构,并加以实现和维护的过程。

计算机应用系统的开发过程一般分为 4 个阶段,即分析、设计、实现和维护阶段。

2. Visual Basic 概述

Visual Basic(简称 VB)语言,"Visual"是可视化的含义,"Basic"是"Beginners′ All – purpose Symbolic Instruction Code"的缩写,表示初学者通用的符号指令代码。它是一种可视化的、支持面向对象和事件驱动编程机制的高级程序设计语言。VB 6.0 是美国微软公司推出的一个可视化集成开发环境,简单易学、功能强大,使用它可以高效、快速地开发 Windows 环境下各类图形界面丰富的计算机应用软件系统。

【题 1】　以下说法中不正确的是＿＿＿＿＿。

A) VB 是一种可视化编程工具　　　　B) VB 是面向过程的编程语言

C) VB 是结构化程序设计语言　　　　D) VB 采用事件驱动编程机制

解析:VB 是面向对象的语言,而非面向过程的语言。它采用的是事件驱动的编程机制。答案为 B。

3. Visual Basic 集成开发环境

(1) VB 集成开发环境的组成部分。

VB 集成开发环境中包含了与 Microsoft 应用软件类似的标题栏、菜单栏、工具栏等组成部分。标题栏位于窗口的顶部,可以显示当前正在开发或者调试的工程名以及系统的工作模式(设计模式、运行模式和中断模式)。菜单栏列出了可在活动窗口下使用的菜单的名字,提供了开发、调试、保存应用程序所需要的命令。还包括四种类型的工具栏,分别是标准、调试、编辑和窗体编辑器工具栏,以及存放标准控件的工具箱。

(2) 窗体设计窗口、属性窗口、代码窗口和工程资源管理器窗口。

窗体设计窗口又称窗体设计器,VB 应用程序可以包含一个或多个窗体。在设计阶段,用户可以通过该窗口设计应用程序界面,如添加控件、图片等,在运行阶段,用户看到的程序运行界面就是设计窗口中的内容,可以通过与窗体上的各种对象进行交互来实现程序的各项功能。

窗体和控件都是 VB 中的对象,每个对象都有一组属性来描述对象的外观、相关参数等,通过属性窗口可以对这些对象的属性进行设置。

代码窗口也称代码编辑器窗口,是用来输入应用程序代码的窗口,在此可以进行变量定义、各类事件过程、函数等源代码的编辑和修改。在设计状态下双击窗体、控件或者单击工程资源管理器窗口中的"查看代码"按钮都可以打开代码编辑器窗口。

工程资源管理器窗口以树状方式列出所有已装入的工程以及包含在工程中的全部项目,常见的一些项目文件主要有工程文件(.vbp)、窗体文件(.frm)、模块文件(.bas)、类模块文件(.cls)等。

【题 2】　直线和形状控件是＿＿＿＿＿。

A) 内部控件　　　　　　　　　　　B) 外部控件

C) ActiveX 控件　　　　　　　　　D) 需要添加到工具箱的控件

解析:VB 的标准控件(内部控件)包括文本框、图形框、直线、形状等控件。答案为 A。

【题 3】　VB 集成开发环境的主窗口中不包括的是＿＿＿＿＿。

A）标题栏　　　　　　B）工具栏　　　　　　C）属性窗口　　　　　　D）菜单栏

解析：VB 的标题栏、菜单栏和工具栏所在的窗口称为主窗口，属性窗口不属于主窗口。答案为 C。

【题4】　VB 的窗体设计器主要用于_____。

A）建立用户界面

B）添加图形、图像、数据等控件

C）编写程序源代码

D）设计窗体的布局

解析：VB 窗体设计器主要是用于建立用户界面的。图形、图像、数据等控件是通过工具箱来添加的，窗体设计器是用来显示这些控件的。编写程序源代码是在代码编辑器窗口中完成的，窗体布局应在窗体布局窗口中设置。答案为 A。

【题5】　以下为窗体文件扩展名的是_____。

A）.bas　　　　　　B）.cls　　　　　　C）.frm　　　　　　D）.res

解析：.bas 为程序模块文件的扩展名；.cls 为类模块的扩展名；.frm 为窗体文件的扩展名；.res 为相关资源文件的扩展名。答案为 C。

【题6】　以下说法正确的是_____。

A）窗体文件的扩展名为.vbp

B）一个窗体对应一个窗体文件

C）VB 中的一个工程只能包含一个窗体

D）VB 中的一个工程最多可以包含 256 个窗体文件

解析：在 VB 中，一个窗体对应一个窗体文件，窗体文件的扩展名为.frm。.vbp 是工程文件的扩展名，一个工程中最多可包含 255 个窗体。答案为 B。

4．VB 应用程序的建立、保存和打开

启动 Visual Basic 程序后，在打开的“新建工程”对话框中选择建立“标准.EXE”项目，单击“确定”按钮后，就可创建该类型的应用程序。

选择“文件”菜单中的“保存工程”命令，系统弹出“文件另存为”对话框，提示用户保存窗体文件，默认窗体文件的名称就是窗体的名称，窗体文件的扩展名是.frm。保存窗体文件后，系统继续提示保存工程文件，工程文件的扩展名为.vbp。

如果需要再次修改该程序，只需通过“文件”菜单中的“打开工程”命令，选择保存过的 VBP 文件，就可把磁盘上相关文件调入 VB 6.0 的集成开发环境中。

5．VB 中类和对象

（1）类和实例

类是同种对象集合的抽象，包含所创建对象的公共属性描述和行为特征的定义。对象是由类所创建的，对象是类的实例。

（2）对象及其属性、方法和事件

对象具有属性、方法和事件。属性是描述对象特征的数据；方法告诉对象应该怎样实现；事件是对象所能感知到的外部刺激。

【题7】　在 VB 中，_____被称为对象。

A）窗体　　　　　　　　　　　　　　B）控件

　　C）窗体和控件　　　　　　　　　　　　　　D）窗体、控件和属性

　　解析：在 VB 中，窗体和控件被称为对象，而属性是针对对象而言的。答案为 C。

　　6. 事件驱动的编程机制

　　（1）事件驱动和事件过程的概念

　　在面向对象的程序设计中，必须等待对象的某个事件发生后，再去执行处理该事件所包含的代码。这种方式称为事件驱动的编程机制。事件发生的顺序决定了代码执行的顺序。

　　事件过程是指在对象上发生了某个事件后，应用程序处理这个事件的方法。事件过程与对象相联系，针对对象的某一过程。VB 程序设计的主要工作就是为对象编写事件过程中的程序代码。

　　（2）事件驱动的应用程序的执行流程

　　在事件驱动的应用程序中，具体的程序执行流程是：

　　① 系统监视应用程序窗口及窗口中的所有控件，确定每个控件所能识别的事件（如鼠标单击、键盘按键等）。

　　② 当系统检测到一个事件发生时，首先调用系统内建的对该事件的响应，如单击按钮会显示按钮被按下的状态，单击菜单命令展开相应菜单，等等。然后检查应用程序中是否存在为该事件所编写的代码。

　　③ 如果存在相应的事件代码，则执行该事件过程中对应的代码，然后返回①继续监视。

　　④ 如果不存在相应的事件代码则直接发挥返回①继续监视，等待下一事件的发生。

　　以上 4 个步骤循环往复，直到应用程序运行结束。

　　7. MVC 编程模式

　　模型－视图－控制器（Model－View－Controller，MVC）模式包括 3 个部分：模型 Model、视图 View 和控制器 Controller，分别对应数据、数据表示和输入输出控制部分。这种编程模式解决了传统图形用户界面程序中界面不仅承担着与用户进行输入输出交互，还包括一系列问题，例如，数据处理方法所导致的数据、处理方法和显示相互交叉；编程逻辑不够清晰；维护比较困难，特别是在同类应用系统的开发中，复用难度较大等。

　　模型是与系统所处理问题相关的数据的逻辑抽象，代表对象的内在属性，是整个模式的核心。其作用在于抽象应用程序的功能，封装程序数据的结构及其操作；向控制器提供程序功能的访问，为视图提供要显示的数据。

　　视图是模型的外在表示，具备与外界交互的功能，是应用系统与外界的接口：一方面它为外界提供输入手段，并触发控制器工作；另一方面又可以将处理的结果以某种形式显示给外界。

　　控制器是模型与视图联系的纽带，它接收视图传递来的外部信息，将外部请求解析为模型中对应的方法，完成系统相应的功能。同时模型的更新与执行结果也要通过控制器来更新视图或通知视图，从而保持视图与模型的一致性。

　　8. VB 应用程序开发步骤

　　设计和开发一个基于 VB 的应用程序通常包括需求分析、界面设计、代码编写、代码的

运行和调试等步骤:

① 需求分析可通过对软件功能和性能提出初步要求,然后细致地进行调查分析,把"做什么"的要求最终转换成一个完全的、细致的软件逻辑模型,并写出软件需求说明书,准确表达开发的目的和要求。

② 界面设计包括建立用户界面对象和设置用户界面对象属性两个步骤,即确定程序窗口的大小、是否需要菜单、窗口上需要何种控件、控件的位置等问题。

建立用户界面并为每个对象设置了属性后,就要考虑用什么事件来触发对象执行所需的操作,这个阶段的工作包括确定对象和确定对象响应事件两类。

③ 在设计完界面后,接下来需要做的工作就是编写事件过程代码,程序代码的编写主要包括两类工作:变量设计和算法设计,对于一些复杂的 VB 应用程序还需要进行数据库设计。

④ 程序设计初步完成后,就可进行运行和调试了。在 VB 6.0 中,程序可以两种模式运行:编译运行模式和解释运行模式。在 VB 集成开发环境中,程序是以解释方式运行的,这种方式便于程序的调试和修改,但运行速度慢。如果要使程序脱离 VB 集成开发环境,必须将源程序编译为二进制可执行文件。

【题 8】　在软件开发中,需求分析阶段产生的主要文档是_____。

A) 可行性分析报告　　　　　　　B) 软件需求规格说明书
C) 概要设计说明书　　　　　　　D) 集成测试计划

解析:软件可行性研究阶段产生的主要文档是可行性分析报告,需求分析阶段产生的主要文档是软件需求规格说明书,在总体设计阶段产生的主要文档是概要设计说明书,在测试阶段产生的主要文档是集成测试计划。答案为 B。

【实验练习与分析】

【题 9】　启动 VB 6.0,建立一个"标准 EXE"类型的应用程序,界面设计如图 1 – 1 所示。将项目文件以 LX1 的名称保存到"C:\VBSTUDY\练习1"文件夹中后退出 VB 集成开发环境。

解析:

(1) 启动 Visual Basic 程序,在打开的"新建工程"对话框中选择建立"标准. EXE"项目,单击"确定"按钮。

(2) 用鼠标单击 VB 6.0 集成开发环境左侧工具箱上的标签控件 **A** 图标,在窗体上拖曳鼠标直到满足所需大小后释放鼠标。

(3) 用鼠标单击工具箱上的文本框 abl 图标,在窗体上拖曳鼠标直到满足所需大小后释放鼠标。

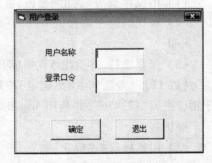

图 1 – 1　"用户登录"的界面设计

（4）用鼠标单击工具箱上的命令按钮 ⌐┘
图标,在窗体上拖曳鼠标直到满足所需大小后
释放鼠标。

（5）用同样的方法创建另外一组标签、文
本框和命令按钮。

（6）按表1-1和表1-2的内容设置窗体
和窗体控件对象的相关属性。

表 1-1　窗体对象属性设置

属性名称	属性值
Name	frmLogin
BorderStyle	3 - fixed dialog
Caption	用户登录
StartUpPosition	2 - 屏幕中心

表 1-2　控件对象属性设置

默认控件名	属性名称	属性值	默认控件名	属性名称	属性值
Label1	Name Caption	lblUserName 用户名称	Text2	Name Text PasswordChar	txtUserPassword 空 *
Label2	Name Caption	lblUserPassword 登录口令	Command1	Name Caption	cmdOk 确定
Text1	Name Text	txtUserName 空	Command2	Name Caption	cmdExit 退出

（7）利用"我的电脑"窗口建立"C：\VBSTUDY\练习1"文件夹。

（8）选择"文件"菜单中的"保存工程"命令,系统弹出"文件另存为"对话框,提示用户
保存窗体文件,默认窗体文件的名称就是窗体的名称(frmLogin),窗体文件的扩展名是
. FRM。保存窗体文件后,系统继续提示保存工程文件,工程文件的扩展名为. VBP,输入名
称"LX1"后单击"确定"按钮。

（9）选择"文件"菜单中的"退出"命令关闭 VB 集成开发环境。

【题 10】　打开"C：\VBSTUDY\练习1"文件夹下的名为 LX1. VBP 的项目文件,并为窗
体中的"退出"按钮添加代码,使得单击该按钮时结束程序的运行。

解析:

（1）用鼠标双击"退出"按钮,进入代码编辑状态。

（2）在代码块中输入以下代码:

```
End
```

（3）保存项目,并退出 VB 集成开发环境。

【题 11】　为题 9 中的"确定"按钮添加代码,使得单击该按钮时判断输入的口令是否等
于预设密码"123456",并利用 Msg Box 函数显示提示信息。

解析:

（1）用鼠标双击"确定"按钮,进入代码编辑状态。

（2）在代码块中输入以下代码:

```
Dim strPassword As String
strPassword = txtUserPassword. Text
If strPassword = "123456" Then
```

  MsgBox" 口令正确！"

 Else

  MsgBox" 口令错误,请重新输入！"

End If

  （3）保存项目,并退出 VB 集成开发环境。

  【题 12】　为"C:\VBSTUDY\练习 1"文件夹下的名为 LX1.VBP 的项目生成同的可执行文件,并运行该执行文件。

  解析:

  （1）打开"C:\VBSTUDY\练习 1"文件夹下的名为 LX1.VBP 的项目。

  （2）在"文件"菜单中选择"生成…EXE"命令,系统显示"生成工程"对话框,在其中输入名称"LX1"。

  （3）选择"文件"菜单中的"退出"命令关闭 VB 集成开发环境。

  （4）利用"我的电脑"窗口打开"C:\VBSTUDY\练习 1"文件夹,双击名为 LX1.EXE 的可执行文件。

【精选习题与答案】

  1. 选择题

  （1）下列选项中,更改_____属性,可以对文本框的内容进行设置。

  A）Text   B）Name   C）Caption   D）Style

  （2）任何控件都有的属性是_____。

  A）Text   B）Value   C）Name   D）Caption

  （3）单击命令按钮将触发该按钮的_____事件。

  A）Change   B）DblClick   C）Click   D）GotFocus

  （4）关闭当前窗体的命令是_____。

  A）Close Me   B）Unload Me   C）End Me   D）Exit Me

  （5）结束应用程序的命令是_____。

  A）End   B）Close   C）Unload   D）Exit

  （6）一个工程必须包含的文件类型是_____。

  A）.vbp 和.frm   B）.vbp 和.cls

  C）.frm 和.cls   D）.vbp、.frm 和.cls

  （7）不属于对象的三要素的是_____。

  A）属性   B）方法   C）事件   D）封装

  （8）在 MVC 编程模式中不包括以下_____。

  A）模型   B）视图   C）控制器   D）模块

  （9）要使程序脱离 VB 集成开发环境,必须将源程序编译为扩展名是_____的二进制可执行文件。

  A）.EXE   B）.COM   C）.BAT   D）.PIF

  （10）VB 的工作模式不包括以下_____。

A）设计模式   B）运行模式

C）代码编辑模式   D）中断模式

（11）下列选项中不属于结构化程序设计方法的是_____。

A）自顶向下   B）逐步求精   C）模块化   D）可复用

（12）以下关于 Visual Basic 特点的叙述中，错误的是_____。

A）Visual Basic 是采用事件驱动编程机制的语言

B）Visual Basic 程序既可以编译运行，也可以解释运行

C）构成 Visual Basic 程序的多个过程没有固定的执行顺序

D）Visual Basic 程序不是结构化程序，不具备结构化程序的三种基本结构

（13）以下叙述中，错误的是_____。

A）一个 Visual Basic 应用程序可以含有多个标准模块文件

B）一个 Visual Basic 工程可以含有多个窗体文件

C）标准模块文件可以属于某个指定的窗体文件

D）标准模块文件的扩展名是 .bas

（14）以下叙述中，错误的是_____。

A）在 Visual Basic 中，对象所能响应的事件是由系统定义的

B）对象的任何属性既可以通过属性窗口设定，也可以通过程序语句设定

C）Visual Basic 中允许不同对象使用相同名称的方法

D）Visual Basic 中的对象具有自己的属性和方法

（15）在 Visual Basic 中，若要强制用户对所用的变量进行显式声明，可以在_____中设置。

A）"属性"对话框   B）"程序代码"窗口

C）"选项"对话框   D）对象浏览器

（16）需求分析阶段的任务是确定_____。

A）软件开发方法   B）软件开发工具

C）软件开发费用   D）软件系统功能

（17）软件开发的结构化生命周期方法将软件生命周期划分成_____3 个阶段。

A）定义、开发、运行维护

B）设计阶段、编程阶段、测试阶段

C）总体设计、详细设计、编程调试

D）需求分析、功能定义、系统设计

（18）Visual Basic 标题栏上显示了应用程序的_____。

A）大小   B）状态   C）位置   D）名称

（19）下列叙述正确的是_____。

A）程序设计就是编制程序

B）程序的测试必须由程序员自己去完成

C）程序经调试改错后还应进行再测试

D）程序经调试改错后不必进行再测试

（20）以下叙述错误的是_____。

A）打开一个工程文件时，系统自动装载有关的窗体、标准模块等文件

B）当程序运行时，双击一个窗体，则触发该窗体的 Dbclick 事件

C）Visual Basic 应用程序只能以解释方式执行

D）事件可以由用户引发，也可以由系统引发

2. 填空题

（1）属性窗口是针对_____和_____设计的。

（2）工程文件的扩展名为_____。

（3）确定窗体标题的属性是_____。

（4）在 VB 6.0 中，程序可以两种模式运行：_____运行模式和解释运行模式。

（5）计算机应用系统的开发过程一般分为 4 个阶段，即_____、设计、实现和维护。

3. 实验操作题

在窗体上放置 3 个命令按钮（分别为 Command1、Command2 和 Command3），其标题（Caption）属性值分别为"抽取药液"、"注射药液"和"退出"。放置三个图像（Image）控件，设置其自动缩放（Stretch）属性值为 True，图像（Picture）属性值分别为"针筒 1. GIF"、"针筒 2. GIF"和"针筒 3. GIF"。

要求在程序执行时，每单击"抽取药液"按钮（Command1）一次，注射器向右移动一定距离。每单击"注射药液"按钮（Command2）一次，注射器向左移动一定距离。单击"退出"按钮（Command3）结束程序。

习题答案

1. 选择题

（1）A   （2）C   （3）C   （4）B   （5）A   （6）A   （7）D   （8）D   （9）A

（10）C   （11）D   （12）D   （13）C   （14）B   （15）C   （16）D   （17）A   （18）D

（19）C   （20）C

2. 填空题

（1）窗体，控件

（2）. VBP

（3）Caption

（4）编译

（5）分析或需求分析

3. 操作题

（1）窗体设计

① 修改窗体的 Caption 属性值为"我的第一个 VB 程序"。

② 双击工具栏上的图像（Image）控件按钮，在窗体上创建一个名为 Image1 的图像控件，设置其属性 Left：2500；Top：1500；Height：2000；Width：8000；Stretch：True。单击 Picture 属性右侧的按钮，选择图像文件为"针筒 1. GIF"（如图 1 – 2 所示）。

③ 双击工具栏上的图像（Image）控件按钮，在窗体上创建一个名为 Image2 的图像控件，设置其属性 Left：1500；Top：1250；Height：2500；Width：6500；Stretch：True。单击 Picture 属性右侧的按钮，选择图像文件为"针筒 2. GIF"（如图 1 – 3 所示）。

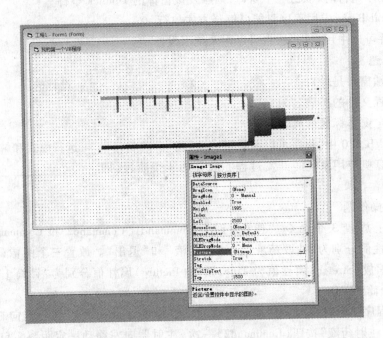

图 1 - 2　选择"针筒 1. GIF"

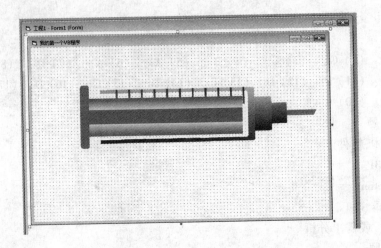

图 1 - 3　选择"针筒 2. GIF"

④ 双击工具栏上的图像(Image)控件按钮,在窗体上创建一个名为 Image3 的图像控件,设置其属性 Left:2500;Top:1600;Height:1850;Width:150;Stretch:True。单击 Picture 属性右侧的按钮,选择图像文件为"针筒 3. GIF"(如图 1 - 4 所示)。

⑤ 双击工具栏上的命令按钮(CommandButton)控件按钮,在窗体上创建一个名为 Command1 的命令按钮控件,设置其 Caption 属性为"抽取药液";Left:2000;Top:4500;Height:1000;Width:2000(如图 1 - 5 所示)。

⑥ 选择"抽取药液"按钮,执行"编辑"菜单中的"复制"命令。

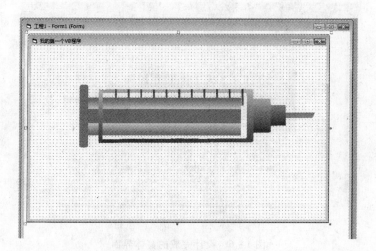

图 1-4 选择"针筒 3. GIF"

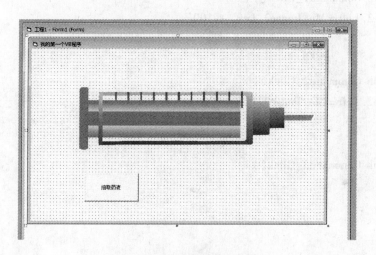

图 1-5 设置"抽取药液"按钮

⑦ 执行"编辑"菜单中的"粘贴"命令,出现对话框,提示"已经存在名为 Command1 的命令按钮",询问是否创建一个控件数组。选择"否",创建名为 Command2 的命令按钮,修改其 Caption 属性值为"注射药液",并用鼠标调整其位置。

⑧ 类似地,创建第三个命令按钮,修改其 Caption 属性值为"退出",并用鼠标调整其位置。

⑨ 按住 Shift 键,依次单击三个命令按钮,执行"格式"菜单中的"对齐"级联菜单中的"顶端对齐"命令。执行"格式"菜单中的"水平间距"级联菜单中的"相同间距"命令。

设计完成的窗体界面如图 1-6 所示。

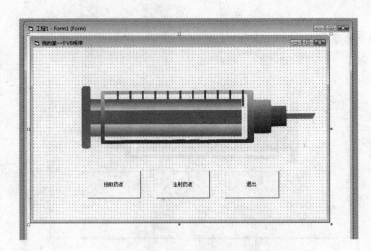

图 1 - 6　设计完成的窗体界面

（2）程序代码

```
Private Sub Command1_Click( )
Me. Image2. Left = Me. Image2. Left － 100
End Sub


Private Sub Command2_Click( )
Me. Image2. Left = Me. Image2. Left + 100
End Sub


Private Sub Command3_Click( )
End
End Sub
```

第 2 章

Visual Basic 程序设计基础

【学习目的与要求】

1. 数据类型

了解基本数据类型的概念,掌握基本数据类型定义和使用。

2. 常量与变量

(1)了解常量的基本概念,掌握常量定义的基本方法。

(2)掌握变量的命名规则及变量声明的一般方法。

3. 运算符和表达式

(1)了解各类运算符的功能和优先顺序。

(2)掌握各类表达式的运算规则和书写规则。

4. 常用内部函数

(1)了解函数的功能,掌握常用内部函数的使用方法。

(2)会根据实际需要选择不同的函数。

5. 数据的输入/输出

(1)了解数据输入/输出语句的功能,掌握数据输入/输出语句的使用。

(2)了解各种数据格式,会在数据输入/输出语句中应用各种数据格式。

6. 程序代码编写规则

掌握程序代码的编写规则

【重难点与习题解析】

1. 数据类型

为了给数据分配合理的存储空间以及快速地处理各类数据,VB 定义了丰富的数据类型,经常使用的数据类型主要有整型、长整型、单精度型、字符型和逻辑型,其中:

● 整型以 Integer 表示,占 2 个字节,取值范围在 - 32 768 ~ 32 767 之间,类型声明符是%。

● 长整型以 Long 表示,占 4 个字节,类型声明符是 &。

● 单精度型以 Single 表示,占 4 个字节,类型声明符是!。

● 字符型分为变长字符串和定长字符串,类型声明符是 $。

● 逻辑型以 Boolean 表示,占 2 个字节。当转换其他的数值类型为逻辑型时,0 会转成 False,其余非 0 值会转成 True;当转换逻辑型为其他数值类型时,False 转为 0,而 True 转为 −1。

要根据实际需要选择合适的数据类型,当整型和单精度型的数据范围不够时,可以选择长整型和双精度型,否则可能会出错。变体型是一种可变的数据类型,是所有未定义变量的默认数据类型,虽然变体型比较灵活,但较浪费存储空间,有时也会影响程序的稳定性和可读性。

【题 1】 在 VB 中,下列合法的表示是_____。

A)! 123   B) ±2   C) 1D1   D) 9E

解析:类型声明符"!"不能出现在数值之前,VB 中不允许出现符号" ± ",以指数形式表示的单精度数和双精度数中的指数和尾数都不可以省略,所以选项 C 为正确答案。

2. 常量与变量

在 VB 中不同类型的数据可以常量或变量的形式出现,取值始终不变的数据是常量,可以是具体的数值或符号;变量是以符号的形式出现在程序中,其值随时都可发生变化。

(1) 常量

VB 中有三种类型的常量,分别是直接常量、符号常量和系统常量。

直接常量分为数值常量、字符串常量、逻辑常量和日期常量 4 种,例如,−3.1415E4、" basic"、True、#April 9.2003#等都属于直接常量。

符号常量也被称为用户自定义常量,其一般格式为:

[Public | Private] Const 常量名 [As 数据类型] = 表达式

例如:

Const a As Integer = 35, b & = 68

表示定义整型常量 a,值为 35,定义长整型常量 b,值为 68。常量声明后,在程序中只能引用常量,而不能通过语句改变常量的值。

系统常量是由 VB 系统定义,在程序代码中可以直接使用,如 vbCrLf、vbDate 等。

(2) 变量

变量以符号形式来表示存放数据的内存位置,每个变量都有一个名字和数据类型,通过变量名引用相应的变量,通过数据类型来确定变量能够存储的数据类型。

1) 变量命名规则

变量名必须以字母开头,只能由字母、数字和下划线组成,长度不能超过 255 个字符,不能使用 VB 中的关键字,在作用域范围内必须唯一,VB 中的变量名不区分大小写。

2) 变量声明

变量声明有两种表示形式,分别是显式声明和隐式声明。

变量显式声明的一般格式是:

Dim 变量名 As   数据类型 [,变量名 As 数据类型]…

显示声明变量后,系统会根据不同的数据类型给变量赋一个初值。若变量是数值型,则初值为 0;若变量是字符串型,则初值为空字符串;若变量是布尔型,则初值为 False;若变量是变体型,则初值为空。除了使用 Dim 声明变量外,还可以用 Public、Private 或 Static 等关键字来声明变量。

在 VB 中还允许未声明就直接使用一个变量,这就是变量的隐式声明,该变量的类型是变体型变量。为了便于程序的调试和修改,应尽量采用显式声明的方式来定义变量,可以在模块中使用"Option Explicit"语句来检测程序中有无未作显式声明的变量。

【题 2】 下面可以正确定义 2 个整型变量和 1 个字符串变量的语句的是_____。

A) Dim a, b As Interger, c As String

B) Dim a% , b $, c As String

C) Dim a As Integer, b, c As String

D) Dim a% , b As Integer, c As String

解析:本题主要考查的是变量的声明,在 VB 中未加声明的变量类型是变体型,类型声明符%和 $ 分别表示整型和字符型,因此选项 A 中变量 a、b、c 的数据类型分别为变体型、整型和字符型,选项 B 中变量 a、b、c 的数据类型分别为整型、字符型和字符型,选项 C 中变量 a、b、c 的数据类型分别为整型、变体型和字符型,选项 D 中变量 a、b、c 的数据类型分别为整型、整型和字符型,所以选项 D 是正确答案。

【题 3】 以下可以作为 Visual Basic 变量名的是_____。

A) Print_abc 　　　　B) Dim 　　　　C) 9bc 　　　　D) a&d

解析:本题主要考查的是变量的命名规则。由变量的命名规则可知,变量名必须以字母开头,只能由字母、数字和下划线组成,长度不能超过 255 个字符,不能使用 VB 中的关键字,所以选项 A 是正确答案。

【题 4】 下面所列 4 组数据中,全部是正确的 VB 常数的是_____。

A) 32768 , 1.34D2 , " ABCDE" , &O1767

B) 3276 , 123.56 , 1.2E - 2 , #True#

C) &HABCE , 02 - 03 - 2008 , False , D - 3

D) ABCDE , #02 - 02 - 2008# , E - 2

解析:该题考查的内容为 VB 常量。选项 B 中的#True#、选项 C 中的 D - 3 和选项 D 中的 E - 2 都是不正确的 VB 常数,所以选项 A 是正确答案。

3. 运算符和表达式

描述运算的符号称为运算符,由运算符、参加运算的数据、括号等构成了表达式。按照运算符的功能,可以将其分为 4 类,分别是算术运算符、关系运算符、连接运算符和逻辑运算符。

(1) 运算符及优先顺序

不同类型的运算符之间有优先顺序,同类运算符之间也有优先顺序,其一般顺序为:

① 算术运算符和连接运算符(优先级由高到低):

^(乘方) -(负号) *(乘)和/(浮点除) \(整除) Mod(取余) +(加)和 -(减) 连接(&)

② 关系运算符(同级):

=(等于)、< >(不等于)、>(大于)、> =(大于或等于)、<(小于)、< =(小于或等于)

③ 逻辑运算符(优先级由高到低):

Not(逻辑非)、And(逻辑与)、Or(逻辑或)、Xor(逻辑异或)

（2）表达式书写规则

书写 VB 表达式时一定要注意与习惯中的数学表达式的区别,表达式必须从左到右书写在同一层上,没有高低和大小之分。在 VB 表达式中只有圆括号,没有其他类型的括号,而且括号一定要成对出现。

【题 5】　表达式 $2 * 3 \hat{} 2 + 4 * 2/2 + 3 \hat{} 2$ 的值是_____。

A) 30　　　　　　　　B) 31　　　　　　　　C) 49　　　　　　　　D) 48

解析:本题考查的是算术运算符的运算规则及其优先顺序。对于表达式 $2 * 3 \hat{} 2$ 先进行 ^（乘方）再做乘,因此结果为 18,由于 *（乘）和/（浮点除）属于同级运算符,因此表达式 $4 * 2/2$ 按照从左到右的顺序依次进行运算,其值为 4,整个表达式的值为 $18 + 4 + 9 = 31$,所以选项 B 是正确答案。

【题 6】　设 $x = 4, y = 8, z = 7$,以下表达式的值是_____。

$x < y$ And Not $y > z$ Or $z < x$

A) 1　　　　　　　　B) -1　　　　　　　　C) True　　　　　　　　D) False

解析:本题考查的是逻辑运算符和关系运算符的运算规则及其优先顺序。根据关系运算符的运算规则,可以将表达式简化为 True　And　Not　True　Or　False,由逻辑运算符的运算规则及其优先顺序可知,对于题目中的表达式应先做 Not 运算,再做 And 运算,最后做 Or 运算,所以选项 D 是正确答案。

【题 7】　以下关系表达式中,其值为 False 的是_____。

A) "ABC" > "AbC"　　　　　　　　B) "the" < > "they"

C) "Integer" > "Int"　　　　　　　D) "Visual" = LCase("VISUAL")

解析:本题主要考查的是关系运算符中字符串的比较。两个字符串进行比较,按照字符对应的 ASCII 码逐一进行比较,即首先比较两个字符串的第一个字符,ASCII 码大的字符串大,如第一个字符相同,则比较第二个字符,依次类推。"B" 的 ASCII 码的值是 66,而"b"的 ASCII 码的值是 98,因此"ABC" < "AbC",所以选项 A 是正确答案。

【题 8】　将任意一个两位正整数 N 的个位数与十位数对换得到新数的 VB 表达式是_____。

解析:本题主要考查的是表达式的书写。两位正整数 N 的个位数可以用表达式 N Mod 10 来表示,十位数可以用表达式 N\10 来表示,因此本题满足要求的表达式是 N Mod 10 & N\10。

【题 9】　变量 x 的值在 $[80, 90)$ 内,用 VB 的逻辑表达式表示为_____。

解析:本题主要考查的是关系表达式的书写。在书写关系表达式的时候要注意有些运算符与数学中的符号是有区别的,本题正确的逻辑表达式为 $x > = 80$ And $x < 90$,注意不要错误地写成 $80 < = x < 90$。

4. 常用内部函数

VB 中的函数包括内部函数和用户自定义函数两类,内部函数也称为标准函数,是由系统提供的、可被直接调用的函数。内部函数根据其实现功能的不同可以分为数学函数、字符串函数、日期和时间函数、转换函数、格式化函数等。

（1）数学函数

常用的数学函数主要包括 Sqr、Abs、Log、Exp、Sin、Cos、Rnd、Sgn 等。

① Log 函数返回的是自然对数值,不能错误地认为 Log 函数所求的是以 10 为底的对数。

② Exp(x)是求 e 的 x 次方,e^x 用表达式来表示不能表示成 e^x 的形式。

③ 三角函数 Sin、Cos 中的自变量 x 是单位为弧度的角,不能在括号中直接写角度值。

④ Rnd 函数生成的随机数范围为 ≥0 且 <1。

(2) 字符串函数

常用的字符串函数主要包括 Mid、Left、Right、Len、Trim、Ltrim、Rtrim、Ucase、Lcase、instr、String 等。

① Len 函数用来返回字符串的长度,不区分中英文,不管中文在计算机中存储占多少字节,一律认为一个汉字是一个字符,而 LenB 函数用来返回字符串的字节数目,例如:

Len("一帆风顺") = 4

LenB("一帆风顺") = 8

② Trim、LTrim 和 RTrim 函数只能去除字符串左右的空白,不能去除字符串中间的空格。

(3) 日期和时间函数

常用的日期和时间函数主要包括 Now、Date、Time、Weekday 等。

(4) 转换函数

常用的转换函数主要包括 Int、Fix、Cint、Val、Str、CStr、Asc、Chr 等。

Int、Fix 和 Cint 都属于取整类函数,区别在于 Int(x)取小于等于 x 的最大整数,Fix(x)是舍去小数部分直接取整数,Cint(x)则是对小数部分四舍五入后取整,对于小数部分恰好是 0.5 的数,该函数会将它转换为最接近的偶数值,这一点要特别注意。例如:

CInt(-3.5) = -4

CInt(-4.5) = -4

Str 和 Cstr 都可以将参数 x 转换为字符串,其主要区别在于:在将非负数值型数据转换为字符串时,Str 函数会在数值前添加一个空格作为符号位,而 CStr 函数则不需要添加符号位。

【题 10】 在窗体上画一个名称为 Command1 的命令按钮,然后编写如下事件过程:

```
Private Sub Command1_Click( )
    Dim s As String, t As String
    s = "Visual"
    t = "Basic"
    Print s & UCase(Mid(s, 3, 2)) & Right(t, 2)
End Sub
```

程序运行后,单击命令按钮,在窗体上显示的内容是_____。

A) VisualBasic　　　　B) Visualsuic　　　　C) VisualSUic　　　　D) VisualSUVi

解析:本题主要考查的是字符串函数。UCase(Mid(s, 3, 2))的结果是字符串"SU",Right(t, 2)的结果是字符串"ic",所以选项 C 是正确答案。

【题 11】 执行以下程序后输出的是_____。

```
Private Sub Command1_Click( )
    ch $ = "AABCDEFGH"
    Print Mid(Right(ch $ , 6), Len(Left(ch $ , 4)), 2)
End Sub
```

    A) CDEFGH   B) ABCD   C) FG   D) AB

解析:本题主要考查的是字符串函数。Right(ch $, 6)的结果为"CDEFGH",Len(Left(ch$, 4))的结果为4,Mid(Right(ch$, 6),Len(Left(ch$, 4)),2)表示从字符串"CDEFGH"的第4个字符"F"开始向右取2个字符,所以选项C是正确答案。

【题12】 设 p = "Summer",则 Mid (p,2,3) = Right (Left (p,_____),3)

    A) 3   B) 4   C) 5   D) 6

解析:本题主要考查的是字符串函数。Mid (p,2,3)表示从字符串 p 中的第二个字符开始向右取三个,其值为字符串"umm",Right 函数和 Left 函数相结合,可以实现 Mid 函数的功能,首先通过 Left 函数从字符串 p 中取左边 4 个字符,即"Summ",再通过 Right 函数从字符串"Summ"中取右边 3 个字符,同样可以取到字符串"umm",所以选项 B 是正确答案。

【题13】 表达式 Fix(−2.5) + Int(−2.5) + CInt(−2.5)的值为_____。

    A) −8   B) −7   C) −6   D) −5

解析:本题主要考查的是三个类型转换函数 Int、Fix、Cint。Int(x)取小于等于 x 的最大整数,Fix(x)是舍去小数部分直接取整数,Cint(x)则是对小数部分四舍五入后取整,因此 Int(−2.5) = −3,Fix(−2.5) = −2,CInt(−2.5) = −2,表达式的值为 −7,所以选项 B 是正确答案。

【题14】 在窗体上画一个名称为 Command1 的命令按钮,然后编写如下事件过程:

```
Private Sub Command1_Click( )
    Dim a As String, b As String
    s = "visualbasic"
    b = Mid(s, InStr(6, s, "a") +1)
    Print b
End Sub
```

程序运行后,单击命令按钮,在窗体上显示的内容是_____。

    A) lbasic   B) sua   C) basic   D) sic

解析:本题主要考查的是字符串函数 Mid 和 InStr。InStr(6, s, "a")表示将字符串"visualbasic"中的第 6 个字符处设为查找的起始位置,开始查找字符"a",其值为 8,Mid(s,9)表示从字符串的第 9 个字符开始取字符到字符串尾,结果为"sic",所以选项 D 是正确答案。

5. 数据的输入/输出

VB 提供了多种实现输入/输出的方法和语句,掌握常用输入/输出语句和方法的使用是程序中实现基本输入/输出操作的关键。

(1) InputBox 函数

利用 InputBox 函数可以显示一个带提示的输入对话框,利用该输入对话框用户可以输入数据,单击按钮或按回车键后返回对话框中文本框的内容,函数返回值的类型是字符串型。InputBox 函数的一般格式如下:

Varname = InputBox (Prompt [, Title] [, Default] [, X , Y] [, Helpfile , Context])

(2) MsgBox 函数和 MsgBox 语句

● MsgBox 函数

利用 MsgBox 函数可以生成各种不同类型的消息框,提示用户选择一个按钮,并能返回一个整型数值用于说明用户的选择。MsgBox 函数的一般格式如下:

Varname = MsgBox (Prompt [, ButtonsType] [, Title] [, Helpfile , Context])

● MsgBox 语句

在仅需要简单的消息框作出提示,不需要返回值的情况下,可以将 MsgBox 函数写成语句形式,MsgBox 语句的一般格式如下:

MsgBox　Prompt [, ButtonsType] [, Title] [, Helpfile , Context]

MsgBox 语句无返回值,一般用于简单消息的提示。

(3) Print 方法

Print 方法的作用是在各类对象中输出文本,这里的对象主要包括窗体、图片框、立即窗口以及打印机。Print 方法的一般格式为:

[对象名 .] Print 　　[输出列表]

通过定位函数 Spc(n) 或 Tab(n) 来控制表达式的输出位置,也可以通过各个输出项之间的分隔符","或";"来确定输出格式。

(4) Format 函数

格式化函数 Format 用于将数值、日期和时间数据按照指定的格式输出。Format 函数的一般格式为:

Format(表达式[, 格式字符串])

其中,格式字符串是由一些说明数据格式的字符构成的,常用的数值格式符号主要有"#"、"0"、"."、","和"%"等。

【题 15】　设 x = 4, y = 6,则以下不能在窗体上显示出"A = 10"的语句是_____。

A) Print　A = x + y

B) Print "A = " ; x + y

C) Print "A = " + Str(x + y)

D) Print "A = " & x + y

解析:本题主要考查的是 Print 方法。Print 语句除了具有输出功能之后,还具有计算功能。选项 A 中 Print　A = x + y 中的 A = x + y 在这里不是一个赋值语句,而是一个关系表达式,Print 语句没有赋值功能。由于 A 的值为 0, x + y 的值为 10,则关系表达式 A = x + y 的值为 False,所以选项 A 是正确答案。

【题 16】　在窗体上画一个命令按钮,然后编写如下事件过程:

```
Private Sub Command1_Click( )
        a = InputBox ("请输入一个整数")
        b = InputBox ("请输入一个整数")
        Print a + b
End Sub
```

在程序运行后,单击命令按钮,在输入对话框中分别输入数字 123 和 456,输出结果为

_____串连接。

解析:本题主要考查的是 InputBox 函数和连接运算符"+"。InputBox 函数返回值的类型是字符型,运算符"+"会根据左、右两边操作数类型的不同而执行不同的操作,由于本题中操作数 a 和 b 均为字符型,则进行字符串的连接操作,因此输出结果为 123456。

【题 17】　窗体上有一个名称为 Command1 的命令按钮,其事件过程如下:

```
Private Sub Command1_Click( )
    x = "VisualBasicTest"
    a = Right(x, 4)
    b = Mid(s, 7, 5)
    c = MsgBox(a, , b)
End Sub
```

运行程序后单击该命令按钮。以下叙述中错误的是_____。

A) 消息框的标题是 Basic 　　　　　B) 消息框中的提示信息是 Test

C) c 的值是函数的返回值 　　　　　D) MsgBox 的使用格式有错

解析:本题主要考查的是字符串函数和 MsgBox 函数。a = Right(x, 4) 表示从字符串 x 中取右边 4 个字符,其值为字符串"Test",b = Mid(s, 7, 5) 表示从字符串 x 中的第 7 个字符开始取 5 个,其值为字符串"Basic",由 MsgBox 函数的一般格式定义可知,MsgBox(a, , b) 的使用格式是正确的,所以选项 D 是正确答案。

【题 18】　执行下列语句

s = InputBox("请输入字符串", "字符串对话框", "字符串")

将显示输入对话框。此时如果直接单击"确定"按钮,则变量 s 的内容是_____。

A) "请输入字符串" 　　　　　　　B) "字符串对话框"

C) "字符串" 　　　　　　　　　　D) 空字符串

解析:本题主要考查的是 InputBox 函数的基本格式。直接单击"确定"按钮,则 InputBox 函数返回默认值,由 InputBox 函数的一般格式定义可知,本题中的默认值为"字符串",所以选项 C 为正确答案。

【题 19】　在窗体上画一个命令按钮,其名称为 Command1,然后编写如下事件过程:

```
Private Sub Command1_Click( )
    a = 12345
    Print Format $ (a, "####0000.00")
End Sub
```

程序运行后,单击该命令按钮,窗体上显示的是_____。

A) 123.45 　　　　B) 12345.00 　　　　C) 12345 　　　　D) 0123.45

解析:本题主要考查的是格式化函数 Format,如果表达式数值部分的位数小于符号#的个数,除了显示原数值的整数部分之外,必须要用#来补足,而如果表达式数值部分的位数小于符号 0 的个数,除了显示原数值的整数部分之外,必须用 0 来补足,其余的符号都按格式字符串的原样显示,所以选项 B 为正确答案。

6. 程序代码编写规则

一般情况下,输入代码时一条语句占一行,但是如果一条语句过长,可以用续行符将一条语句分成多行显示,VB 中的续行符是"_"(空格加下划线);VB 中还允许将多条语句显示在一行中,各条语句间用冒号":"隔开,每行不超过 255 个字符。

【题 20】 以下叙述中错误的是_____。

A）在 Print 方法中,多个输出项之间可以用分号作为分隔符

B）在 Print 方法中,多个输出项之间可以用逗号作为分隔符

C）在 Dim 语句中,所定义的多个变量可以用逗号作为分隔符

D）在一行中有多条语句时,可以用逗号作为分隔符

解析:本题主要考查的是与各个方法和语句有关的分隔符。在 Print 方法中可以用分号或逗号做分隔符,在 Dim 语句中多个变量之间也可以用逗号做分隔符,VB 中还允许将多条语句显示在一行中,各条语句间用冒号":"隔开,所以选项 D 为正确答案。

【实验练习与分析】

【题 21】 从键盘上输入 2 个数,编写程序,计算并输出这 2 个数的平方和。通过 InputBox 函数输入数据,在窗体上显示平方和。

解析:本题中,定义三个整型变量,分别用来存放输入的两个数及其平方和。由于通过 InputBox 函数返回值的类型是字符型,因此需要用 Val 函数将其转换为数值型进行计算。

程序代码设计如下:

```
Option Explicit
Private Sub Form_Click( )
    Dim a As Integer, b As Integer
    Dim s As Integer
    a = Val(InputBox("请输入第一个数"))
    b = Val(InputBox("请输入第二个数"))
    s = a^2 + b^2
    Print a & "^2 + " & b & "^2 = " & s
End Sub
```

【题 22】 根据输入的圆半径长度,计算圆的周长和面积。通过 InputBox 函数输入圆半径,在窗体上显示圆的周长和面积。

解析:本题中,设圆的半径为 r,则圆周长 $l = 2\pi r$,圆面积 $s = \pi r^2$,可以定义三个单精度变量分别用来存放圆半径、圆周长和圆面积的值,由于圆周率 π 在程序中多次出现,可以将其定义为符号常量 Pi。

程序代码设计如下:

```
Option Explicit
Private Sub Form_Click( )
    Dim r As Single, l As Single
    Dim s As Single
    Const Pi As Single = 3.14159
    r = Val(InputBox("请输入圆半径的值"))
```

```
        l = 2 * Pi * r
        s = Pi * r^2
        Print "圆半径为" & l
        Print "圆周长为" & s
    End Sub
```

【题23】 设定系统默认登录口令为"1234",通过 InputBox 函数输入登录口令,如果与系统默认口令一致,则弹出登录成功提示框,如图2-1所示;如果与系统默认口令不一致,则弹出登录失败提示框,如图2-2所示,并退出登录程序。

图2-1 登录成功　　　　　　　　　　图2-2 登录失败

解析:本题中需要一个简单的 If 语句来判断输入的口令是否与系统默认口令一致,登录成功和登录失败提示框通过 MsgBox 语句来实现。

程序代码设计如下:

```
Option Explicit
Private Sub Form_Click()
    Dim s As String
    s = InputBox("请输入登录口令:")
    If s = "1234" Then
        MsgBox "祝贺你,成功登录!"
    Else
        MsgBox "对不起,口令错误,无法登录!"
        End
    End If
End Sub
```

【题24】 在名称为 Form1 的窗体上画两个标签、两个文本框和一个命令按钮,然后编写命令按钮的 Click 事件过程,程序运行后,如果单击命令按钮,则先后显示两个输入对话框,在两个输入对话框中分别输入年龄和性别,并分别在两个文本框中显示出来,运行后的窗体如图2-3所示。

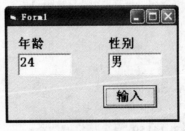

图2-3 程序运行界面

解析：

（1）设计一个窗体，其中放置若干对象，对象及属性对应表如表 2 - 1 所示：

表 2 - 1　对象及属性设置表

对象	控件名称	属性名称	属性值
Label	Label1	Caption	年龄
Label	Label2	Caption	性别
Text	Text1	Text	空
Text	Text2	Text	空
Command	Command1	Caption	输入

（2）程序代码设计如下：

```
Private Sub Command1_Click( )
    Text1. Text = InputBox("请输入你的年龄")
    Text2. Text = InputBox("请输入你的性别")
End Sub
```

【精选习题与答案】

1. 选择题

（1）为把圆周率的近似值 3.141 59 存放在变量 pi 中，以下定义变量 pi 的语句中正确的是＿＿＿＿＿。

A）Dim pi As Integer　　　　　B）Dim pi(7) As Integer

C）Dim pi As Single　　　　　　D）Dim pi As Long

（2）下列表述中不能判断 x 是否为偶数的是＿＿＿＿＿。

A）x/2 = Int(x/2)　　　　　　　B）x Mod 2 = 0

C）Fix(x/2) = x/2　　　　　　　D）x\2 = 0

（3）在 Visual Basic 中，表达式 3 * 2\5 Mod 4 的值是＿＿＿＿＿。

A）1　　　　　B）0　　　　　C）3　　　　　D）6

（4）语句 Print 5/4 * 6\5 Mod 5 的输出结果是＿＿＿＿＿。

A）0　　　　　B）1　　　　　C）2　　　　　D）3

（5）在窗体上画一个名称为 Command1 的命令按钮，然后编写如下事件过程：

```
Private Sub Command1_Click( )
    s $ = "abc"
    Print String(3, s$ )
End Sub
```

程序运行后，单击命令按钮，在窗体上显示的内容是＿＿＿＿＿。

A）aaa B）abcabcabc C）cbacbacba D）ccc

（6）设 a = 5, b = 4, c = 3, d = 2, 下列表达式的值是_____。

3 > 2 * b Or a = c And b < > c Or c > d

A）1 B）True C）False D）0

（7）设 s = "VisualBasic", 则以下使变量 b 的值不是"Basic"的语句是_____。

A）b = Left(s, 6) B）b = Right(s, 5)

C）b = Mid(s, 7) D）b = Mid(s, 7, 5)

（8）假定有如下的窗体事件过程：

```
Private Sub Form_Click( )
    Dim a As String, b As String
    Dim c As String
    a = "VisualBasic"
    b = Left(a, 6)
    c = Mid(a, 7, 5)
    MsgBox c, 34, b, a, 5
End Sub
```

程序运行后, 单击窗体, 则在弹出的消息框的标题栏中显示的信息是_____。

A）VisualBasic B）Visual C）Basic D）5

（9）设有如下语句：

Dim a, b As Integer

c = "VisualBasic"

d = #7/20/2008#

以下关于这段代码的叙述中, 错误的是_____。

A）a 被定义为 Integer 类型变量 B）b 被定义为 Integer 类型变量

C）c 中的数据是字符串 D）d 中的数据是日期类型

（10）VB 中可以用续行符将一条语句分成几行显示, VB 中的续行符是_____。

A）空格加连字符"-" B）下划线"_"

C）空格加下划线"_" D）连字符"-"

（11）已知 E 的 ASCII 码为 69, 则 Chr(Asc("E") + 3) = _____。

A）72 B）G C）H D）E3

（12）执行如下两条语句, 窗体上显示的是_____。

a = 9.859 6

Print Format(a, " $ 0,000.00")

A）0,009.86 B）$9.86 C）9.86 D）$0,009.86

（13）设 a = 2, b = 3, c = 4, d = 5, 下列表达式的值是_____。

Not a > = c Or 4 * c = b^2 And b < > a + c

A）−1 B）1 C）True D）False

（14）运行下面程序, 单击命令按钮 Command1, 则在窗体上显示的结果是_____。

Private Sub Command1_Click( )

```
    Dim A As Integer, B As Boolean
    Dim C As Integer, D As Integer
    A = 20/6：B = True：C = B：D = A + C
    Print A, D, A = A + C
End Sub
```

A) 3   2   False   B) 3.3   2.3   False

C) 3   2   A = 2   D) 4   3   A = 3

(15) 可以同时删除字符串前导和尾部空格的函数是_____。

A) Ucase   B) Instr   C) Trim   D) Mid

(16) 在窗体上画一个名称为 Command1 的命令按钮,然后编写如下事件过程:

```
Private Sub Command1_Click()
    Dim i As Integer
    i = True
    Print i + 1
End Sub
```

程序运行后,单击该命令按钮,窗体上显示的是_____。

A) 0   B) − 1   C) 1   D) True + 1

(17) 输出下列 4 个表达式,结果为 True 的有_____个。

Int(3.4) = Fix(3.4)   Int(− 3.4) = Fix(− 3.4)   Int(3.8) = CInt(3.8)

CInt(− 3.8) = Int(− 3.8)

A) 1   B) 2   C) 3   D) 4

(18) 语句 Print "5 * 2" 输出的结果是_____。

A) "5 * 2"   B) 5 * 2   C) 10   D) 出现出错提示

(19) 表达式 Abs(− 4) + Len("ashd") 的值是_____。

A) 4ashd   B) − 4ashd   C) 8   D) 0

(20) 假设 s = "abcdef", 表达式 Left(s, 1) + Mid(s, 3, 2) + Right(s, 1) 的值为_____。

A) acdf   B) abcd   C) fcda   D) afcd

(21) x = 2.3456,则执行代码 Print Format(x, "00##.0%") 后窗体上的结果为_____。

A) 2.3456%   B) 0234.0%   C) 0234.6%   D) 002.3%

(22) 下列是 VB 中允许出现的数的形式是_____。

A) D9   B) ±5   C) 2.45E − 04   D) 2.5E

(23) 设有如下声明:

Dim X As Integer

如果 Sgn(X) 的值为 − 1,则 X 的值是_____。

A) 整数   B) 大于 0 的数

C) 等于 0 的数   D) 小于 0 的数

(24) 设 a = 3,b = 5,则以下表达式值为 True 的是_____。

A) a > = b And b > 10　　　　　　　　B）（a > b）Or（b > 0）

C）（a < 0）Eqv（b > 0）　　　　　　　D）（－3 + 5 > a）And（b > 0）

（25）设 a $ = "123"，b $ = "456"，则 a + b 的结果为_____。

A）123　　　　　　B）456　　　　　　C）679　　　　　　D）123456

（26）执行如下语句：

A = InputBox（"Today"，"Tomorrow"，"yesterday"，，，"Day before yesterday"，5）

将显示一个输入对话框，在对话框的输入文本框中显示的信息是_____。

A）Today　　　　　　B）Tomorrow　　　　　C）yesterday　　　　D）Day before yesterday

（27）设有语句

X = InputBox（"输入数值"，"示例"，"10"）

程序运行后，如果从键盘上输入数值 0，并按回车键，则下列叙述中正确的是_____。

A）变量 X 的值是数值 10

B）在 InputBox 对话框标题栏中显示的是"示例"

C）0 是默认值

D）变量 X 值是字符串 "10"

（28）与 12.3456789E － 4 等值的十进制数是_____。

A）0.00123456789　　　　　　　　B）1234.56789

C）12.34567894　　　　　　　　　D）0.0123456789

（29）执行语句 a = LCase（Mid（"dafge"，2，1）& Right（"dafge"，1））后，a 的值是

_____。

A）EA　　　　　　B）AE　　　　　　C）ae　　　　　　D）ea

（30）执行如下语句：

Private Sub Command1_Click（）

    Print 1；

    Print 2；

    Print

    Print 3

End Sub

则在窗体上第 2 行显示的结果是_____。

A）1　　　　　　B）2　　　　　　C）空行　　　　　D）3

2. 填空题

（1）与数学表达式 $\frac{\cos x}{4y + \ln x} + e^2$ 对应的 Visual Basic 表达式是_____。

（2）以下语句的输出结果是_____。

Print Int(345.6789 * 100 + 0.5)/100

（3）表达式 Fix（－23.85）+ Int（－6.15）的值为_____。

（4）表达式 0.5^－2 + 6 Mod 5 的值是_____。

（5）随机生成两位正整数的表达式为_____。

（6）随机生成 20 ~ 50 之间的整数的表达式为_____。

(7) Mid(UCase(Trim(" VisualBasic")), 7, 5) = _____。

(8) 数学表达式 $\sin(30°) + |x^2 + \sqrt{y}| + e^x - \log_{10} n$ 对应的 VB 表达式为 _____ _____。

(9) 表达式 Not(Sqr(16) – 3 > = –2)的值为 _____。

(10) 已知 A = –5,B = "ok ok",则 Sgn(A) + Len(B) = _____。(ok 之间有一空格)

(11) 能够正确表示命题"A 是一个带小数的正数,且 B 是一个带小数的负数"的逻辑表达式是 _____。

(12) Mid $ ("STUDENT", 2, 3) + Left $ ("STUDENT", 2) = _____。

(13) 表示"a > b > c"的 VB 逻辑表达式是 _____。

(14) 假定当前日期为 2008 年 8 月 4 日,星期一,则执行以下语句后,结果为 _____。

Print Weekday(Now)

(15) 在窗体单击事件中执行下面语句后的正确结果是 _____。

Format(1735.48, " + ##,##0.0")

(16) x 和 y 之一为 0,但不能同时为 0 的 VB 表达式是 _____。

(17) 判断 x 是完全平方数(如 9、16 等都是完全平方数)的 VB 表达式是 _____。

(18) 数学表达式 $\sqrt[3]{x} + \dfrac{\frac{1}{m}}{x^2 + \frac{2}{x}}$ 对应的 VB 表达式为 _____。

(19) 数学表达式 $\sin 45° + 2\cos^2(a + b)$ 对应的 VB 表达式为 _____。

(20) Mid(" programme ", 4, 3) & Len(" 程序设计 ") & Left(" programme ", 2) = _____。

(21) 表达式 20 Mod 3^2 + 3 * 2 的值为 _____。

(22) 描述 X、Y 中只有一个小于 Z 的逻辑表达式是 _____。

(23) 表达式 a Mod b\c > 5 And a + b + c > 10 中最先被执行的运算符是 _____。

(24) 表达式 12 + Mid("12345", 4, 2)的值为 _____。

(25) 表达式 12 & Mid("12345", 4, 2)的值为 _____。

(26) 表示 x 是 3 或 5 的倍数的逻辑表达式是 _____。

(27) 将变量 x 的值按四舍五入保留小数点后面两位的 VB 表达式为 _____。

(28) 表示字符型变量 s 是字母字符(不区分大小写)的逻辑表达式为 _____。

(29) 设 a = 3,b = 2,c = 1,执行语句 Print a > b > c 后,窗体上显示的是 _____。

(30) 设字符型变量 s = "abcdefg",从 s 中生成字符串"cdde"的表达式是 _____。

3. 实验操作题

（1）假设 a、b、c 均为整型变量，其值分别为：

a = 3

b = 5

c = 7，上机验证以下表达式的值。

① a < b And Not b < c Or a < c

② Not 2 * a > b Xor a * b < > c

③ a + b < c Or a + c > b And 3 * c > b^2

（2）从键盘上输入小写字母，编写程序，将小写字母转换为大写字母。通过 InputBox 函数输入小写字母，在窗体上显示对应的大写字母。

（3）编写程序提取输入日期数值中的年份、月份和天数，并将其显示在窗体上。通过 InputBox 函数输入日期数值，在窗体上分别显示从日期数值中提取出的年、月和日。例如输入日期数值 2009 - 2 - 24，则在窗体上显示"输入的年份为:2009"、"输入的月份为:2"、"输入的天数为:24"。

（4）从键盘输入一正整数，编写程序，判断该正整数是奇数还是偶数。通过 InputBox 函数输入正整数，通过 MsgBox 语句弹出消息提示框，提示该数的奇偶性，参考界面如图 2 - 4 和图 2 - 5 所示。

图 2 - 4　偶数提示框

图 2 - 5　奇数提示框

（5）从键盘输入由任意字符构成的长度为 6 的字符串，编写程序，判断字符串长度是否为 6，若不是，则弹出输入错误的消息提示框，如图 2 - 6 所示；若是满足条件的字符串，则在窗体上分别显示字符串的前两个字符、中间两个字符和后两个字符，程序运行界面如图 2 - 7 所示。

图 2 - 6　出错提示框

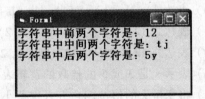

图 2 - 7　显示字符程序运行界面

习题答案

1. 选择题

（1）C　（2）D　（3）A　（4）B　（5）A　（6）B　（7）A　（8）B　（9）A

（10）C　（11）C　（12）D　（13）C　（14）A　（15）C　（16）A　（17）B　（18）B

（19）C　（20）A　（21）C　（22）C　（23）D　（24）B　（25）D　（26）C　（27）B

（28）A　（29）C　（30）D

2. 填空题

(1) cos（x）/（4 * y + logx）+ exp（2）

(2) 345.68

(3) − 30

(4) 5

(5) Int（Rnd * 90）+ 10

(6) Int（Rnd * 31）+ 20

(7) BASIC

(8) Sin（30 * 3.14/180）+ Abs（x^2 + Sqr（y））+ Exp（x）− logn/log10

(9) False

(10) 4

(11) A > 0 And Int（A） < > A And B < 0 And Int（B） < > B

(12) TUDST

(13) a > b And b > c

(14) 2

(15) + 1,735.5

(16) x = 0 Xor y = 0

(17) （int（sqr（x）））^2 = x

(18) x^（1/3）+（1/m）/（x^2 + 2/x）

(19) Sin（45 * 3.14/180）+ 2 * Cos（a + b）^2

(20) gra4pr

(21) 8

(22) X < Z　Xor Y < Z

(23) \

(24) 57

(25) 1245

(26) x Mod 3 = 0 Or x Mod 5 = 0

(27) Round（x * 100）/100

(28) LCase（s） > = "a" And LCase（s） < = "z"

(29) False

(30) Mid（s, 3, 2）& Mid（s, 4, 2）

3. 操作题

(1) 关键代码：

```
Option Explicit
Private Sub Form_Click( )
    Dim a As Integer, b As Integer, c As Integer
    a = 3
    b = 5
    c = 7
```

```
        Print a < b And Not b < c Or a < c
        Print Not 2 * a > b Xor a * b < > c
        Print a + b < c Or a + c > b And 3 * c > b^2
End Sub
```

（2）关键代码：

```
Option Explicit
Private Sub Form_Click( )
        Dim s As String
        s = InputBox("请输入小写字符或字符串")
        Print "转换后的大写字符为:" & UCase(s)
End Sub
```

（3）关键代码：

```
Private Sub Form_Click( )
        s = InputBox("请输入一日期数值")
        y = Year(s)
        m = Month(s)
        d = Day(s)
        Print "输入的年份为:" & y
        Print "输入的月份为:" & m
        Print "输入的天数为:" & d
End Sub
```

（4）关键代码：

```
Option Explicit
Private Sub Form_Click( )
        Dim a As Integer
        a = Val(InputBox("请输入一正整数:"))
        If a Mod 2 = 0 Then
                MsgBox "您输入的数是偶数"
        Else
                MsgBox "您输入的数是奇数"
        End If
End Sub
```

（5）关键代码：

```
Option Explicit
Private Sub Form_Click( )
        Dim s As String
        s = InputBox("请输入长度为 6 的字符串:")
        If Len(s) = 6 Then
                Print "字符串中前两个字符是:" & Left(s, 2)
```

```
            Print "字符串中中间两个字符是:" & Mid(s, 3, 2)
            Print "字符串中后两个字符是:" & Right(s, 2)
        Else
            MsgBox "输入字符串长度错误!"
        End If
End Sub
```

第 3 章

Visual Basic 程序结构控制

【学习目的与要求】

1．顺序结构

了解顺序结构,掌握赋值语句。

2．选择结构

（1）掌握选择结构和各种分支语句。

（2）会用各种分支语句和分支语句嵌套解决问题。

3．循环结构

（1）掌握循环结构和各种循环语句。

（2）会用不同的循环语句和循环语句的嵌套解决问题。

4．数组

（1）掌握数组的定义,会根据问题定义合适的数组。

（2）掌握数组的用法及与循环语句结合的用法。

（3）控件数组。

5．常用算法

理解检索以及排序中常用的算法。

【重难点与习题解析】

1．顺序结构

顺序结构是一种线性结构,也是程序设计中最简单、最常用的基本结构。它在程序运行过程中,按照语句出现的顺序逐条执行。顺序结构中经常用赋值语句,通过赋值语句,可以在程序中改变变量的值或改变对象属性值。

【题 1】 语句 Z = X + Y 表示的意思为_____。

A）变量 Z 等于 X 的值,然后再加上 Y 的表达式

B）变量 Z 等于 X + Y 的值

C）将变量 Z 存入变量存入 X 中,然后再加上 Y 的表达式

D）将变量 Z 存入变量 X + Y 中

解析:"="是赋值符号,与数学上的等号意义有所不同。赋值语句兼有计算和赋值功能,首先要计算赋值号右边表达式的值,然后把结果赋给赋值号左边的变量。所以选项 B 是正确的。

【题2】　下列程序执行的结果为_____。

```
Private Sub Command1_Click( )
    a = 25 : b = 20 : c = 7
    Print"abc(";a + b * c;")"
End Sub
```

A) abc(315)　　　　B) abc(165)　　　　C) abc(25 + 7 * 20)　　　　D) abc(52)

解析:本题涉及赋值语句与运算符优先级的顺序,Print 语句具有运算功能,由于运算符的优先级是先乘除后加减,所以选项 B 为正确答案。

2. 选择结构

选择结构就是根据不同的情况做出不同的选择,执行不同的操作。VB 中选择结构语句分为 If 语句和 Select Case 语句两种。

(1) If 语句

① If…Then…Else 结构。

If 条件表达式 Then 语句序列 1

[Else 语句序列 2]

End If

其功能是:当条件表达式成立时,执行 Then 后面的语句序列 1,执行完再执行整个 If 语句后面的语句;当条件表达式不成立时,执行 Else 后面的语句序列 2,再执行整个 If 语句后面的语句。

② If…Then…ElseIf 结构。

If 条件表达式 1 Then 语句序列 1

[ElseIf 条件表达式 2 Then 语句序列 2

…

ElseIf 条件表达式 n - 1 Then 语句序列 n - 1

Else 语句序列 n]

End If

其功能是:当条件表达式成立时,执行 Then 后面的语句序列 1,当条件不成立时再进行新的判断,根据条件成立与否决定是否执行 Then 后面的语句序列 2;该结构还可以根据具体情况,用合理的结构实现多层嵌套。

(2) Select Case 语句

使用 If 语句的嵌套可以实现多分支选择,对于多分支选择时,使用 Select Case 语句效率更高,可读性更强。

语法格式:

Select Case 表达式

　　Case 表达式列表 1

　　　　语句序列 1

```
        Case 表达式列表 2
            语句序列 2
        …
        Case 表达式列表 n – 1
            语句序列 n – 1
    [ Case Else
            语句序列 n ]
End Select
```

其功能是:根据表达式的取值与下列各个表达式列表的值进行比较,若与其中某个值相同,则执行其后的相应语句序列部分,执行后退出整个 Select Case 结构。若出现与表达式列表中所有值均不相等的情况,再看 Select Case 结构中是否有 Case Else 语句,如果有此语句,则执行其后相应的语句序列部分,然后退出 Select Case 结构。否则不执行任何结构内的语句,整个 Select Case 结构结束,再执行其后的语句。

【题 3】 以下程序段运行时从键盘上输入字符" + ",则输出结果为_____。

```
Private Sub Command1_Click( )
operate $ = InputBox( " operate = " )
If operate $ = " – " Then k = k – 5
If operate $ = " + " Then k = k + 5
Print k
End Sub
```

A) – 5   B) 5   C) 0   D) 5 + 5

解析:此题是根据用户的输入计算变量 k 的值并显示,考查选择结构知识点。当输入字符" + "时,第一个 If 条件不成立,跳过,而第二条 If 语句条件满足,因此执行 k = k + 5,使 k = 5。所以选项 B 是正确答案。

【题 4】 以下程序段运行时从键盘上输入"– 50",则输出结果是_____。

```
Private Sub Command1_Click( )
Dim x As Integer, y As Integer
x = InputBox( " x = " )
If x > 0 Then
y = x
ElseIf x = 0 Then
y = 0
Else y = Abs( x )
End If
Print y
End Sub
```

解析:本题涉及的内容为 If 语句的嵌套。当输入字符"– 50"时,判断第一个 If 条件不成立,接着判断 ElseIf 后面的条件语句,条件仍不成立,因此执行 y = Abs(x),使 y = 50。所以正确答案是:50。

【题 5】　在窗体上放置 1 个命令按钮(名称为 Command1)和 1 个文本框(名称为 Text1),然后编写如下事件过程:

```
Private Sub Command1_Click( )
x = Val(Text1.Text)
Select Case x
Case Is > = 10,Is < = -10:y = x
Case -10 To 10:y = -x
Case 1,3:y = x * x
End Select
End Sub
```

程序运行后,在文本框中输入 3,然后单击命令按钮,则以下叙述中正确的是_____。

A) 执行 y = x * x　　B) 执行 y = -x　　C) 先执行 y = x * x,再执行 y = -x　　D) 程序出错

解析:该题考查的内容为多分支控制结构。在多分支控制结构中,先对测试表达式进行求值,然后测试该值与哪个 Case 子句中表达式的值相匹配,如果匹配,则执行与该 Case 子句有关的语句,后面的子句不再执行,直接把控制转移到 End Select 后面的语句,所以选项 B 是正确答案。

3. 循环结构

VB 继承了所有 Basic 语言中的各种循环语句,而且在 VB 中可以实现循环结构的语句很多。循环结构可分为计数型和条件型两种基本的结构,实现计数型循环结构的语句是 For…Next,而实现条件型循环结构的语句有 Do…Loop 及 While…Wend。

(1) For…Next 语句

For…Next 语句按指定的循环次数或按变量变化的范围执行循环体,在循环体中使用一个循环变量来控制循环执行的次数。

语法格式:

```
For 循环变量 = 初值 To 终值[Step 步长]
            循环体
            [Exit For]
            循环体
Next[循环变量]
```

For…Next 语句执行过程:开始时,循环变量为初值。每执行完一次循环体内所有语句后,循环变量自动增加一个步长,然后与终值进行比较。如果循环变量小于终值,则继续循环,直到循环变量的值大于终值,才退出循环,去执行 Next 语句后的语句。在循环的过程中,可以使用 Exit For 语句随时退出循环。

(2) Do…Loop 语句

语法 1(当型循环):

```
Do While|Until 条件表达式
循环体
   [Exit Do]
循环体
```

Loop

功能:先判断条件表达式是否成立,决定能否执行相应的循环体部分。可以使用 Exit Do 语句随时退出循环。

语法 2(直到型循环):

Do

循环体

　　[Exit Do]

循环体

Loop While|Until 条件表达式

功能:先执行一遍循环体,然后再判断条件表达式是否成立,能否进行下一次循环。可以使用 Exit Do 语句随时退出循环。

(3) While…Wend 语句

语法格式:

While 条件表达式

循环体

Wend

功能:While 循环在初始位置检查条件是否成立,再决定是否执行相应的循环体部分。

循环的嵌套是指循环语句中又包含其他循环语句的情况,前面所述的几种循环语句均可以互相嵌套,也可以在循环中嵌套选择结构。要求:

① 多重循环中,各层循环变量不能重名。

② 内层循环必须完整地包含在外层循环中,不能交叉。

【题 6】 下列程序段的执行结果为_____。

a = 5

For k = 5 To 4

　　a = a + k

Next k

Print k;a

A) -5　6　　　　　　B) 5　16　　　　　　C) 5　5　　　　　　D) 11　21

解析:此题考查的是 For 循环结构语句,For 循环有两种格式,其中一种格式是:

For 循环变量 = 初值 To 终值[Step 步长]

　　　循环体

Next[循环变量]

此循环语句的执行过程为:"循环变量"首先取得"初值",检查是否超过"终值",如果超过,就一次也不循环而跳出循环,属于"先检查后执行"的类型。现在来看程序段,For k = 5 To 4 中,初值为 5,终值为 4,显然"循环变量"首先取得"初值"5,检查后超过"终值"4,所以一次也不执行,即最后执行 Print 语句时,k = 5,a = 5,所以选项 C 是正确答案。

【题 7】 下列程序段的执行结果为_____。

a = 3:b = 1

```
For i = 1 To 3
    f = a + b : a = b : b = f
    Print f
Next i
```

A) 4　3　6　　　　　B) 4　5　9　　　　　C) 6　3　4　　　　　D) 7　2　8

解析:本题考查的是 For 循环结构语句,下面分析循环结构语句的执行情况:

开始 a = 3,b = 1,For 循环中步长默认值为 1,循环变量 i 的初值为 1,终值为 3,循环体可执行 3 次。

第 1 次循环后,结果为:f = 4,a = 1,b = 4

第 2 次循环后,结果为:f = 5,a = 4,b = 5

第 3 次循环后,结果为:f = 9,a = 5,b = 9

所以每循环一次,便输出 f 的当前值,循环 3 次就输出 3 个 f 值,分别为 4、5、9,所以选项 B 是正确答案。

【题 8】　下列程序段的执行结果为_____。

```
i = 9 : x = 5
Do
    i = i + 1
    x = x + 2
Loop Until i > = 7
Print "i = " ; i
Print "x = " ; x
```

A) i = 4　x = 5　　　　B) i = 7　x = 15　　　　C) i = 6　x = 8　　　　D) i = 10　x = 7

解析:本题考查的是 Do 循环结构。该循环"先执行后检查",所以至少执行一次。本题中程序运行到循环条件 i > = 7 的值为 True,循环终止。所以当程序结束运行后 i = 10,x = 7,选项 D 是正确答案。

【题 9】　下列程序的输出结果为_____。

```
Private Sub Command1_Click( )
num = 2
While num < = 3
    num = num + 1
Wend
Print num
End Sub
```

解析:程序先将 2 赋给 num,然后执行 While 语句。While 循环语句的执行过程是:如果条件表达式为真,则执行循环体,当遇到 Wend 语句时,控制返回到 While 语句并对条件进行判断,如果仍然为真,则重复上述过程,直到条件为假。

num 初值为 2,小于 3,所以条件为真,执行 num = num + 1 语句,此时 num 为 3;当程序执行 num 为 3 的时候,因为 3 等于 3,所以执行 num = num + 1,此时 num 为 4,则循环终止,输出 num 的值。正确答案为:4。

【题 10】　下面程序的功能是打印九九乘法表,请补充完整。

```
Dim i As Integer, j As Integer, Result $
Result = "　　"
For i = 1 To 9
    For j = 1 To 9
        If 【1】 Then
            Result = Result + Str $ ( j ) + " × " + Str $ ( i ) + " = " + Str $ ( Val( i * j ) )
        Else
            Result = Result & Chr( 13 )
            　　【2】
        End If
    Next j
Next i
Print Result
```

解析:本题考查的是 For 循环嵌套。函数首先定义了两个 Integer 型变量 i、j,并将空格赋给 Result;第一个 For 循环的变量 i 从 1~9,步长为 1;第二个循环的变量 j 也是从 1~9,步长为 1。循环体为选择结构,它用来输出 i * j 的值,所以 j 的值应该小于此时 i 的值,那么 If 的判断语句为 j < = i,当满足条件时执行 Then 后面的语句,即输出 i * j 的值,如果不满足执行 Else 后面的语句,并跳出内循环,即用 Exit For 语句中断循环。因此,【1】为:j < = i;【2】为:Exit For。

4. 数组

(1) 数组相关的概念

数组:一组逻辑上相互关联的值的集合。

数组元素:数组中每一个值称为数组元素,使用数组名和一些称为"索引"或"下标"的数字可以表示每一个数组元素。数组可以是一维的,也可以是多维的。

数组分类:在 VB 中,数组分两类:一类是普通组;一类是控件数组。普通数组又可根据数组长度分为动态数组和静态数组。

(2) 静态数组

① 静态数组的声明:

[Public | Private | Dim]数组名(维数) As 数据类型

② 数组元素的表示。数组中的每个元素使用数组名以及下标来表示。注意每一维下标的取值范围是[每一维的下界,每一维的上界]。如:数组名(下标 1[,下标 2,…])。

③ 数组的赋值与输出。对于静态数组,赋值与输出通常使用循环语句实现,例如:

```
Dim a( 1 To 5 ) As Integer
Dim i As Integer, j As Integer
j = 1
For i = 1 To 5
    a( i ) = j
    j = j + 2
```

```
  Next i
  For i = 1 To 5
      Print a(i);
  Next i
```

上述示例是采用一维数据,若是二维数组,可以将它看成是一个矩阵,第一维的下标表示元素所在的行,第二维下标表示元素所在的列。例如:

Dim a(1 To 2,1 To 3)As Integer　　'a 相当于一个 2 行 3 列的矩阵

因此,一般可以采用二重循环的方法来处理二维数组中的元素。

（3）动态数组

声明动态数组的方法是:利用 Dim、Private、Public 语句声明括号内为空的数组,然后在过程中用 ReDim 语句指明该数组的大小。语法格式如下:

Dim 数组名( )[As　数据类型]

ReDim[Preserve]数组名(下标 1[,下标 2…])[As　数据类型]

其中,下标可以是常量,也可以是有了确定值的变量,类型可以省略,若不省略,必须与 Dim 中的声明语句保持一致。

例如:

Dim A( ) As Single

ReDim A(4,6)

动态数组的表示与操作方法与静态数据类似。

（4）控件数组

控件数组是一组具有共同名称和类型的控件。它们的事件过程也相同。在设计时,使用控件数组,可以让一组类型相同的控件执行相同的代码。

【题 11】　以下属于 Visual Basic 中合法数组元素的是_____。

A) K8　　　　　　B) k[8]　　　　　　C) k(0)　　　　　　D) k{8}

解析:本题考查对数组知识的掌握以及数组元素的正确引用。在 VB 中,数组元素一般形式为 x(整数),括号中的整数是一个确定值,而且数组名 x 后的圆括号不能省去,也不能由其他的括号代替,所以正确答案是选项 C。

【题 12】　以下程序段的输出结果为_____。

```
Dim l,a(10),p(3)
k = 5
For i = 0 To 10
    a(i) = i
Next i
For i = 0 To 2
    p(i) = a(i) * (i + 1)
Next i
For i = 0 To 2
    k = k + p(i) * 2
Next i
```

```
Print k
```
A) 20　　　　　　　　B) 21　　　　　　　　C) 56　　　　　　　　D) 32

解析:本题考查数组及 For 循环语句。第 1 个循环对数组 a( ) 进行赋值,第 2 个循环对数组 p( ) 进行赋值,第 3 个循环对 k 进行累加,k 的初值等于 5,第 1 次循环 k = k + p(0) * 2 = 5,第 2 次循环 k = k + p(1) * 2 = 5 + 4 = 9,第 3 次循环 k = k + p(2) * 2 = 9 + 6 * 2 = 21 并输出,所以选项 B 正确。

【题 13】 设有命令按钮 Command1 的单击事件过程,代码如下:
```
Private Sub Command1_Click( )
Dim a(30) As Integer
For i = 1 To 30
a(i) = Int(Rnd * 100)
Next
For Each arrItem In a
If arrItem Mod 7 = 0 Then Print arrItem
If arrItem > 90 Then Exit For
Next
End Sub
```
对于该事件过程,以下叙述中错误的是_____。

A) a 数组中的数据是 30 个 100 以内的整数

B) 语句 For Each arrItem In a 有语法错误

C) If arrItem Mod 7 = 0…语句的功能是输出数组中能够被 7 整除的数

D) If arrItem > 90…语句的作用是当数组元素的值大于 90 时退出 For 循环

解析:该题考查的是 For Each…Next 语句。该语句可用于对数组元素进行处理,重复执行的次数由数组中元素的个数确定,因此 For Each arrItem In a 是没有语法错误的,相反,For Each…Next 语句比 For…Next 语句更方便,因为它不用指明循环结束的条件。选项 B 是正确答案。

【题 14】 下面程序的功能是产生 10 个小于 100(不含 100) 的随机正整数,并统计其中是 5 的倍数的值有几个,但程序不完整,请补充完整。
```
Private Sub Command1_Click( )
Randomize
    Dim i As Integer,j As Integer,k As Integer
    Dim a(10)
    For j = 1 To 10
        a(j) = Int( [1] )
        If [2] Then k = k + 1
    Next j
    Print k
End Sub
```
解析:小于 100 的随机正整数用 (99 * Rnd) + 1 来表示;求倍数用取模来表示,即 a(j)

Mod 5 = 0,用 k 作计数器,累计计算能被 5 整除的数的个数。因此,【1】为:(99 * Rnd) + 1,【2】为 a(j)Mod 5 = 0。

【题 15】　有以下程序:

```
Option Base 1
Dim arr( ) As Integer
Private Sub Form_Click( )
Dim i As Integer,j As Integer
ReDim arr(3,2)
For i = 1 To 3
  For j = 1 To 2
  arr(i,j) = i * 2 + j
  Next j
Next i
ReDim Preserve arr(3,4)
For j = 3 To 4
    arr(3,j) = j + 9
Next j
Print arr(3,2);arr(3,4)
End Sub
```

程序运行后,单击窗体,输出结果为_____。

A) 8 13　　　　　B) 0 13　　　　　C) 7 12　　　　　D) 0 0

解析:此题考查的是动态数组。在 Dim 语句中定义数组时,并没有给它界定范围,也没有对它赋初值,在 Sub 过程中用 ReDim 语句具体定义数组,此题中要分清两个数组的界限。选项 A 是正确答案。

5. 常用算法

(1) 检索算法

检索是数据处理中经常使用的一种重要运算。所谓的检索,就是根据给定的关键字,在指定的集合中找出值为关键字的过程。如果找到则检索成功,否则检索失败。常用的检索算法有顺序检索以及二分检索。

① 顺序检索。

顺序检索的基本思想是:从集合的一端开始顺序扫描,将集合中的元素与给定值比较,如果相等则检索成功,当扫描结束时,未找到给定值,则检索失败。

② 二分检索。

二分检索算法又称为折半查找,这个算法要求检索的集合是一个有序序列。算法的基本思想是:将给定的值与集合中间位置上的元素比较,如果相等,则检索成功。否则,如果给定值比中间位置元素小,则在集合的前半部分继续检索,否则在集合后半部分检索。这样每次检索缩小一半的查找范围,重复这个过程,直到检索成功或者失败。

(2) 排序算法

排序是将一组无序的序列转换为有序序列的过程。排序的算法有很多,下面介绍直接选择排序与冒泡排序两种算法。

① 直接选择排序。

以从小到大排序为例,算法的基本思想可以描述为:从待排序序列中选出值最小的,与第一个元素交换,然后在其余的元素中再选出最小的,与第二个元素交换,重复这个过程,直到序列有序。

② 冒泡排序。

以从小到大排序为例,假设集合有 n 个元素,算法的基本思想可以描述为:先将集合中第一个元素与第二个元素比较,若前者大于后者,则交换位置,否则不交换。然后第二个元素与第三个元素比较,做同样处理,接着第三与第四个元素比较……直到最后两个元素比较完,则集合最大的数将被换到第 n 个位置上,第一趟排序结束。接下来对前 $n-1$ 个元素重复上述过程,可以得到集合中第二大数,并被交换到第 $n-1$ 个位置上……这样最多做 $n-1$ 次冒泡就能完成排序。

【题 16】 对长度为 10 的线性表进行冒泡排序,最坏情况下需要比较的次数为_____。

【解析】对长度 n 为 10 的线性表进行冒泡排序,最坏情况下需要比较的次数为 $n(n-1)/2 = 5 \times 9 = 45$。

【题 17】 设有命令按钮 Command1 的单击事件过程,代码如下:

```
Private Sub Command1_Click( )
Dim arr( 1 To 100 ) As Integer
For i = 1 To 100
    arr( i ) = Int( Rnd * 1000 )
Next i
Max = arr( 1 ) : Min = arr( 1 )
For i = 1 To 100
  If 【1】 Then
      Max = arr( i )
End If
If 【2】 Then
    Min = arr( i )
End If
Next i
Print" Max = " ; Max , " Min = " ; Min
End Sub
```

程序运行后,单击命令按钮,将产生 100 个 1 000 以内的随机整数,放入数组 arr 中,然后查找并输出这 100 个数中的最大值 Max 和最小值 Min,请填空。

解析:如果数组中某元素的值大于此前的最大值,则将该元素定义为最大值,同样,如果数组中某元素的值小于此前的最小值,则将该元素定义为最小值。这样可以查找到数组中的最大值和最小值。因此,【1】为:Max < arr(i),【2】为:Min > arr(i)。

【题 18】 运行下面的程序后,输出的结果为_____。

```
Cls
Dim t(5,5)as Integer
For i = 1 To 5:t(i,i) = 1:Next
For i = 1 To 5
    For j = 1 To 5
        Print t(i,j)
    Next j
    Print
Next i
```

A) 1 1 1 1 1   B) 1
   1 1 1 1 1   1
   1 1 1 1 1   1
   1 1 1 1 1   1
   1 1 1 1 1   1

C) 1 0 0 0 0   D) 1 1 1 1 1
   0 1 0 0 0
   0 0 1 0 0
   0 0 0 1 0
   0 0 0 0 1

解析:本题考查的是对循环结构及二维数组的掌握。程序以矩阵格式输出一个二维数组,由程序可知,数组的主对角线上的元素赋值为1,其他元素未赋值,初值为0。所以选项 C 为正确答案。

【题 19】 设有命令按钮 Command1 的单击事件过程,代码如下:

```
Private Sub Command1_Click()
Dim a(3,3) As Integer
For i = 1 To 3
 For j = 1 To 3
   a(i,j) = i * j + i
 Next j
Next i
Sum = 0
For i = 1 To 3
 Sum = Sum + a(i,4 - i)
Next i
Print Sum
End Sub
```

运行程序,单击命令按钮,输出结果是_____。

A) 20   B) 7   C) 16   D) 17

解析:本题涉及循环结构及二维数组的综合应用。经赋值后数组 a 的元素为(2,3,4,4,

6,8,6,9,12),而第三个 For 循环语句的作用是求次对角线上三个元素的和,即 Sum = a(1, 3) + a(2,2) + a(3,1) = 4 + 6 + 6 = 16。选项 C 是正确答案。

【题 20】　在窗体上放置 1 个名称为 Command1 的命令按钮,然后编写如下事件过程:

```
Private Sub Command1_Click()
a = 0
For i = 1 To 2
  For j = 1 To 4
    If j Mod 2 < >0 Then a = a - 1
    a = a + 1
  Next j
Next i
Print a
End Sub
```

程序运行后,单击命令按钮,输出结果是_____。

A) 0　　　　　　　　B) 2　　　　　　　　C) 3　　　　　　　　D) 4

解析:本题涉及分支结构 If 语句及循环嵌套的综合应用,由 If 语句可知:当 j 为 1 或者 3 时,a 减 1,而 j 为 1、2、3 和 4 的时候 a 均加 1,因此,经过 For j = 1 To 4 后,a 增加了 2,而程序的最外部循环了两次,因此结果应该为 a = 4,选项 D 是正确答案。

【实验练习与分析】

【题 21】　输入一学生成绩,评定其等级。评定规则为:90 ~ 100 分为"优秀",80 ~ 89 分为"良好",70 ~ 79 分为"中等",60 ~ 69 分为"及格",60 分以下为"不及格"。

解析:本题可以用 If …Then…Else 语句或 Select Case 语句两种方法实现。

(1) 设计一个窗体,其中放置若干对象,如图 3 - 1 所示,对象及属性如表 3 - 1 所示。

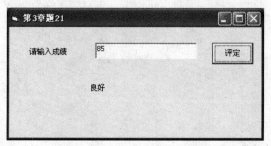

图 3 - 1　第 3 章题 21 运行界面

表 3 - 1　对象及属性设置表

对象	控件名称	属性名称	属性值
Form	Form	Caption	第 3 章题 21
Label	Label1	Caption	输入成绩
Label	Label2	Caption	空

续表

对象	控件名称	属性名称	属性值
Text	Text1	Text	空
Command	Command1	Caption	评定

（2）程序代码设计如下：

（方法一代码）

```
Private Sub Command1_Click()
Dim x As Integer
x = Val(Text1.Text)
If x > = 90 Then    Label2.Caption = "优秀"
ElseIf x > = 80 Then    Label2.Caption = "良好"
ElseIf x > = 70 Then    Label2.Caption = "中等"
ElseIf x > = 60 Then    Label2.Caption = "及格"
Else
    Label2.Caption = "不及格"
End If
End Sub
```

（方法二代码）

```
Private Sub Command1_Click()
Dim x As Integer
x = Val(Text1.Text)
Select Case x
Case 90 To 100
    Label2.Caption = "优秀"
Case 80 To 89
    Label2.Caption = "良好"
Case 70 To 79
    Label2.Caption = "中等"
Case 60 To 69
    Label2.Caption = "及格"
Case Else
    Label2.Caption = "不及格"
End Select
End Sub
```

【题22】　设计一个程序，判断输入的一个整数是否为一素数。

解析：判断一个数 n 是不是素数时，可以采用 i 从 2 到 Sqr(n) 能否整除 n，如果能整除，则 n 是合数；否则是素数。本题可以用 If…Then…Else 语句及 For 循环语句实现。

（1）设计一个窗体，其中放置若干对象，如图 3 - 2 所示，对象及属性对应表如表 3 - 2 所示。

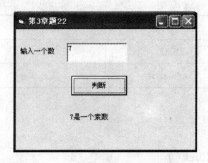

图 3 - 2   第 3 章题 22 运行界面

表 3 - 2   对象及属性设置表

对象	控件名称	属性名称	属性值
Form	Form	Caption	第 3 章题 22
Label	Label1	Caption	输入一个数
Label	Label2	Caption	空
Text	Text1	Text	空
Command	Command1	Caption	判断

（2）程序代码设计如下：

```
Private Sub Command1_Click()
Dim n As Integer
Dim f As Boolean
n = Val(Text1. Text)
f = True
For i = 2 To Sqr(n)
  If(n Mod i = 0)Then f = False
Exit For
Next i
If f Then Label2. Caption = Str(n) + "是一个素数"
  Else Label2. Caption = Str(n) + "不是一个素数"
End Sub
```

【题 23】 设计一程序,随机产生两个 0 ~ 20 的整数和相应的运算符,并判断用户输入计算答案的正确性。

解析:本题可以用 If…Then…Else 语句及 Select Case 语句实现。

（1）设计一个窗体,其中放置若干对象,如图 3 - 3 所示,对象及属性如表 3 - 3 所示。

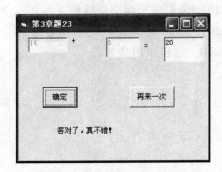

图 3 – 3　第 3 章题 23 运行界面

表 3 – 3　对象及属性设置表

对象	控件名称	属性名称	属性值
Form	Form	Caption	第 3 章题 23
Label	Label1	Caption	输入一个数
Label	Label2	Caption	=
Label	Label3	Caption	空
Text	Text1	Text	空
Text	Text1	Enabled	False
Text	Text2	Text	空
Text	Text2	Enabled	False
Text	Text3	Text	空
Command	Command1	Caption	确定
Command	Command2	Caption	再来一次

（2）程序代码设计如下：

```
Public result As Long
Private Sub Command1_Click( )
If( Val ( Text2. Text) = 0) And( Label1. Caption = "/" )Then
        MsgBox"算式中存在除 0 错误,不能计算" ,vbOKOnly,"信息提示"
ElseIf( Val( Text3. Text) < > result)Then Label3. Caption = "答错了,再来一次吧!"
    ElseIf( Val( Text3. Text) = result)Then Label3. Caption = "答对了,真不错!"
End If
End Sub
Private Sub Command2_Click( )
Text3. Text = " "
Form_Load  '调用 Form_Load 事件过程
End Sub
Private Sub Form_Load( )
Randomize
```

```
Text1. Text = Int( Rnd * 20)  '随机求出两个运算数
Text2. Text = Int( Rnd * 20)
nop = Int( Rnd * 100) Mod 4   '随机求出运算符
Select Case nop
Case 0
Label1. Caption = " + "
result = Val( Text1. Text) + Val( Text2. Text)
Case 1
Label1. Caption = " - "
result = Val( Text1. Text) - Val( Text2. Text)
Case 2
Label1. Caption = " * "
result = Val( Text1. Text) * Val( Text2. Text)
Case 3
Label1. Caption = "/"
If Val( Text2. Text) < >0 Then result = Val( Text1. Text)/Val( Text2. Text)
End If
End Select
End Sub
```

【题 24】 设计一程序,随机产生 10 个整数,查找出其中的最大数,并显示其位置。

解析:本题可以用 If 分支语句及 For 循环语句实现。

(1) 设计一个窗体,其中放置若干对象,如图 3 - 4 所示,对象及属性如表 3 - 4 所示。

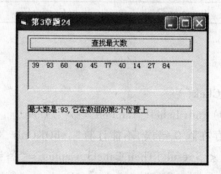

图 3 - 4　第 3 章题 24 运行界面

表 3 - 4　对象及属性设置表

对象	控件名称	属性名称	属性值
Form	Form	Caption	第 3 章题 24
Command	Command1	Caption	查找最大数
PictureBox	Picture1	Picture	(None)
Label	Label1	Caption	空
Label	Label1	BorderStyle	1

（2）程序代码设计如下：

```
Private Sub Command1_Click( )
Dim a(1 To 10) As Integer
Dim b,max,pos As Integer
Randomize
Picture1. Cls
For b = 1 To 10  '循环产生 10 个随机正整数并显示在控件中
a(b) = Int((99 - 10 + 1) * Rnd) + 10
Picture1. Print a(b);
Next
max = a(1) '假定第一个数为最大数,用 max 记录数字,用 pos 记录位置
pos = 1
For b = 2 To 10  '与数组其他数比较,一旦找到最大的就更新 max 和 pos
If a(b) > max Then    max = a(b)
pos = b
End If
Next
Label1. Caption = "最大数是:" & max & ",它在数组的第" & pos & "个位置上"
End Sub
```

【题 25】 设计一程序,随机产生 10 个整数,采用冒泡排序法按从小到大顺序排列。

解析:本题可以用 If 分支语句及 For 循环语句实现,冒泡排序算法思想请参照本章【重难点与习题解析】部分。

（1）设计一个窗体,其中放置若干对象,如图 3 - 5 所示,对象及属性如表 3 - 5 所示。

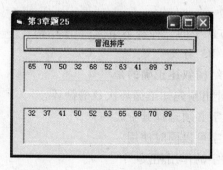

图 3 - 5 第 3 章题 25 运行界面

表 3 - 5 对象及属性设置表

对象	控件名称	属性名称	属性值
Form	Form	Caption	第 3 章题 25
Command	Command1	Caption	冒泡排序
PictureBox	Picture1	Picture	（None）
PictureBox	Picture2	Picture	（None）

（2）程序代码设计如下：

```
Private Sub Command1_Click()
Dim a(1 To 10) As Integer
Dim i,j,temp As Integer
Randomize
Picture1. Cls
For i = 1 To 10 '循环产生 10 个随机正整数并显示在控件中
a(i) = Int((99 - 10 + 1) * Rnd) + 10
Picture1. Print a(i);
Next
For i = 1 To 10
 For j = 1 To 10 - i
 If a(j) > a(j + 1) Then temp = a(j) : a(j) = a(j + 1) : a(j + 1) = temp
 Next j
Next i
Picture2. Cls
For i = 1 To 10 '将结果输出并显示在控件中
Picture2. Print a(i);
Next
End Sub
```

【精选习题与答案】

1. 选择题

（1）结构化程序设计方法中的三种基本结构：顺序结构、_____结构和循环结构。

A）条件　　　　　　　B）分支　　　　　　　C）当型　　　　　　　D）逻辑

（2）下列关于 Do 循环结构叙述正确的是_____。

A）不能对 Do 循环设计出预先知道循环次数的循环

B）While 和 Until 关键字必须选择其中之一

C）While 和 Until 关键字可以同时使用

D）While 和 Until 关键字的作用相反

（3）以下叙述正确的是_____。

A）Select Case 语句中的测试表达式可以是任何形式的表达式

B）Select Case 语句中的测试表达式只能是数值表达式或字符串表达式

C）在执行 Select Case 语句时，所有 Case 子句均按出现的次序被顺序执行

D）如下 Select Case 语句中的 Case 表达式是错误的

```
Select Case x
    Case 1 to 10
    …
```

```
End Select
```

（4）下列程序运行时，输出的结果是_____。

```
Private Sub Form_Click( )
k = 2
If k > = 1 Then a = 3
If k > = 2 Then a = 2
If k > = 3 Then a = 1
Print a
End Sub
```

A）1　　　　　　　　　B）2　　　　　　　　　C）3　　　　　　　　　D）出错

（5）设 a = 6，则执行 x = IIf(a > 5， − 1,0)后，x 的值是_____。

A）5　　　　　　　　　B）6　　　　　　　　　C）0　　　　　　　　　D） − 1

（6）要从 For…Next 循环中退出循环，应使用_____语句。

A）Exit　　　　　　　B）Exit For　　　　　C）Continue　　　　　D）Stop Loop

（7）以下不属于 Visual Basic 支持的循环结构是_____。

A）Do While…Loop　　B）While…Wend　　C）For…Next　　　　D）Do…For Loop

（8）以下表示可以描述 Visual Basic 合法的数组元素的是_____。

A）X9　　　　　　　　B）X[9]　　　　　　　C）X(0)　　　　　　　D）X{6}

（9）以下说法不正确的是_____。

A）使用 ReDim 语句可以改变数组的维数

B）ReDim 语句可以改变数组的类型

C）ReDim 语句可以改变数组每一维的大小

D）ReDim 语句将释放静态数组所占的存储空间

（10）在以下的 For Each…Next 循环中，A 只能是_____。

```
Dim X(15)
…
For Each A In X
  Print A;
Next A
```

A）已经声明的静态数组　　　　　　　B）已经声明的动态数组

C）Variant 类型的变量　　　　　　　D）整型变量

（11）假定有如下事件过程：

```
Private Sub form_Click( )
  Dim x As Integer,n As Integer
    x = 1:n = 0
    Do While x < 28
        x = x * 3:n = n + 1
    Loop
    Print x,n
```

End Sub

程序运行后,单击窗体,输出结果是_____。

A) 81　4　　　　　　　B) 56　3　　　　　　C) 28　1　　　　　　D) 243　5

(12) 在窗体上放置一个命令按钮,其名称为 Command1,然后编写如下事件过程:

```
Private Sub Command1_Click( )
Dim a1(4,4),a2(4,4)
 For i = 1 To 4
 For j = 1 To 4
   a1(i,j) = i + j:a2(i,j) = a1(i,j) + i + j
   Next j
Next i
Print a1(3,3);a2(3,3)
End Sub
```

程序运行后,单击命令按钮,在窗体上输出的是_____。

A) 6　6　　　　　　　　B) 10　5　　　　　　C) 7　21　　　　　　D) 6　12

(13) 设有以下循环结构

```
Do
    循环体
  Loop While <条件>
```

则以下叙述中错误的是_____。

A) 若"条件"是一个为 0 的常数,则一次也不执行循环体

B) "条件"可以是关系表达式、逻辑表达式或常数

C) 循环体中可以使用 Exit Do 语句

D) 如果"条件"总是为 True,则不停地执行循环体

(14) 在窗体上放置一个名称为 Command1 的命令按钮,然后编写如下事件过程:

```
Private Sub Command1_Click( )
  c = "ABCD"
  For n = 1 To 4:Print 【1】
  Next
End Sub
```

程序运行后,单击命令按钮,要求在窗体上显示如下内容:

```
  D
  CD
  BCD
  ABCD
```

则在【1】处应填入的内容为_____。

A) Left(c,n)　　　　　B) Right(c,n)　　　　C) Mid(c,n,1)　　　　D) Mid(c,n,n)

(15) 在窗体上放置一个名称为 Command1 的命令按钮,然后编写如下事件过程:

```
Private Sub Command1_Click( )
```

```
Dim x As Integer,i As Integer
    x = 0
    For i = 20 To 1 Step - 2
        x = x + i\5
    Next i
    Print x
    End Sub
```

程序运行后,单击命令按钮,输出结果是_____。

A) 16 　　　　　　 B) 17 　　　　　 C) 18 　　　　　 D) 19

(16) 假定建立了一个名为 Command1 的命令按钮数组,则以下说法中错误的是_____。

A) 数组中每个命令按钮的名称(名称属性)均为 Command1

B) 数组中每个命令按钮的标题(Caption 属性)都一样

C) 数组中所有命令按钮可以使用同一个时间过程

D) 用名称 Command1(下标)可以访问数组中的每个命令按钮

(17) 在窗体上放置一个命令按钮和一个文本框,名称分别为 Command1 和 Text1,然后编写如下程序:

```
Private Sub Command1_Click( )
a = InputBox("请输入数字(1 ~ 31)")
t = "广州旅游景点:"& IIf(a >0 And a < = 10,"越秀公园","")_
&IIf(a >10 And a < =20,"白云山","")&IIf(a >20 And a < =31,"雕塑公园","")
Text1. Text = t
End Sub
```

程序运行后,如果从键盘输入 16,则在文本框中显示的内容是_____。

A) 广州旅游景点:越秀公园白云山 　　　 B) 广州旅游景点:越秀公园雕塑公园

C) 广州旅游景点:雕塑公园 　　　　　　 D) 广州旅游景点:白云山

(18) 下列程序的执行结果为_____。

```
a = 10:b = 20
If a < >b Then a = a +b Else b = b - a
Print a,b
```

A) 20　20 　　　　　 B) 30　20 　　　　 C) 30　40 　　　　 D) 15　15

(19) 在窗体上放置一个命令按钮,然后写出如下事件过程:

```
Private Sub Command1_Click( )
    s = 1
    Do
        s = (s +1)^(s +2)
        Number = Number + 1
    Loop Until s > =6
    Print Number,s
```

End Sub

程序运行后,输出的结果是_____。

A) 2　3　　　　　　B) 3　18　　　　　C) 1　8　　　　　D) 10　20

(20) 有如下程序:

Private Sub Form_Click( )

Dim Check,Counter

Check = True:Counter = 0

```
    Do
            DoWhile Counter < 20
                Counter = Counter + 1
                If Counter = 10 Then Check = False
            Exit Do
        Loop
    Loop Until Check = False
    Print Counter,Check
```

End Sub

程序运行后,单击窗体,输出结果为_____。

A) 15　0　　　　　　B) 20　−1　　　　　C) 10　true　　　　D) 10　false

(21) 有如下程序:

Private Sub Form_Click( )

Dim i As Integer ,Sum As Integer

Sum = 0

For i = 2 To 10

　　If i Mod 2 < >0 And i Mod 3 = 0 Then　　　Sum = Sum + i

Next i

Print Sum

End Sub

程序运行后,单击窗体,输出结果为_____。

A) 12　　　　　　　B) 30　　　　　　　C) 24　　　　　　　D) 18

(22) 在窗体中添加一个命令按钮,名为 Command1,一个文本框 Text1,然后编写如下
程序:

Private Sub Command1_Click( )

Dim a(5),b(5)

For j = 1 to 4

A(j) = 3 * j:B(j) = a(j) * 3

Next j

Text1. text = b(j\2)

End Sub

程序运行后,单击命令按钮,在文本框中显示_____。

A）25   B）18   C）36   D）35

（23）在窗体中添加两个文本框（Text1 和 Text2）和一个命令按钮（Command1），然后编写如下事件过程：

```
Private Sub Command1_Click()
x = 0
Do While x < 10
x = (x - 2) * (x + 3)
n = n + 1
Loop
Text1. Text = Str(n) : Text2. Text = Str(x)
End Sub
```

程序运行后，单击命令按钮，在两个文本框中显示的值分别为_____。

A）1 和 0   B）3 和 50   C）2 和 24   D）4 和 68

（24）在窗体中添加一个命令按钮（Command1），然后编写如下代码：

```
Private Sub Command1_Click()
Dim a(10) As Integer
Dim p(3) As Integer
k = 1
For i = 1 To 10
    a(i) = i
Next i
For i = 1 To 3
  p(i) = a(i * 1)
Next i
For i = 1 To 3
  k = k + p(i) * 2
Next i
Print k
End Sub
```

程序运行后，单击命令按钮，输出结果是_____。

A）30   B）15   C）37   D）13

（25）在窗体中添加一个文本框（Text1），然后编写如下代码：

```
Private Sub Form_Load()
Text1. Text = " "
Text1. SetFocus
For i = 1 To 10
  Sum = Sum + i
Next i
Text1. Text = Sum
```

End Sub

上述程序运行后,单击窗体,则运行的结果是_____。

A) 在文本框 Text1 中输出 55　　　　　　　B) 在文本框 Text1 中输出 0

C) 出错提示　　　　　　　　　　　　　D) 在文本框 Text1 中输出不定值

(26) 在窗体上放置一个命令按钮,名称为 Command1,然后编写如下事件过程:

```
Private Sub Command1_Click()
Dim city As Variant
city = Array("北京","上海","广州","深圳")
Print city(1)
End Sub
```

程序运行后,如果单击命令按钮,则在窗体上显示的内容是_____。

A) 空白　　　　　　B) 错误提示　　　　　C) 北京　　　　　D) 上海

(27) 在窗体上设置一个名称为 Text1 的文本框和一个名称为 Command1 的命令按钮,然后编写如下事件过程:

```
Private Sub Command1_Click()
Dim i As Integer,n As Integer
For i = 0 To 50
i = i + 3 : n = n + 1
If i > 10 Then Exit For
Next
Text1. Text = Str(n)
End Sub
```

程序运行后,单击命令按钮,在文本框中显示的值是_____。

A) 2　　　　　　　B) 3　　　　　　　C) 4　　　　　　D) 5

(28) 在窗体上放置一个命令按钮,然后编写如下事件过程:

```
Private Sub Command1_click()
Dim a(5) As String
 For i = 1 To 5
    a(i) = Chr(Asc("A") + (i - 1))
 Next i
For Each b In a : Print b
Next
End Sub
```

程序运行后,单击命令按钮,输出结果是_____。

A) ABCDE　　　　　B) 12345　　　　　C) abcde　　　　　D) 出错信息

(29) 在窗体上放置一个名称为 Command1 的命令按钮,然后编写如下事件过程:

```
Private Sub Command1_Click()
Dim a As Integer,s As Integer
a = 8 : s = 1
```

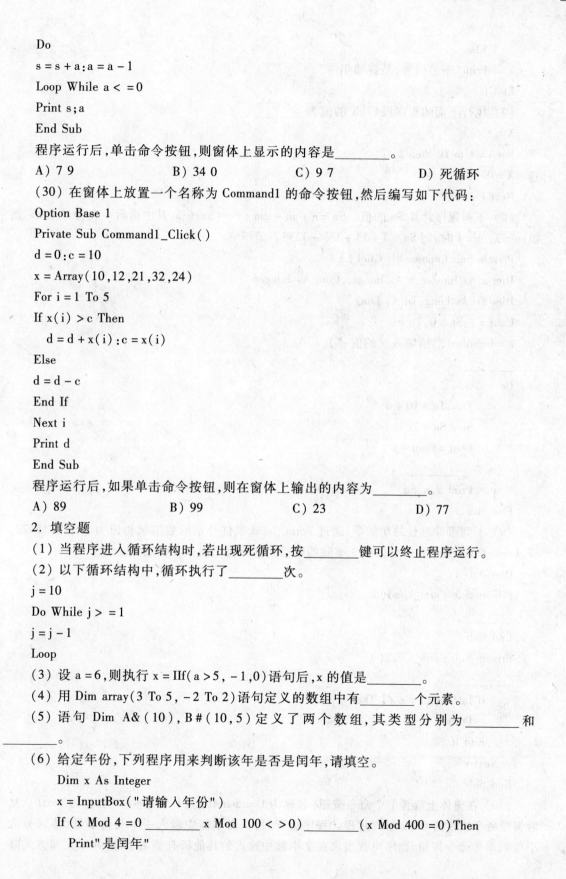

```
Do
s = s + a : a = a - 1
Loop While a < = 0
Print s ; a
End Sub
```

程序运行后,单击命令按钮,则窗体上显示的内容是_____。

A) 7 9　　　　　　　　B) 34 0　　　　　　　C) 9 7　　　　　　　D) 死循环

（30）在窗体上放置一个名称为 Command1 的命令按钮,然后编写如下代码:

```
Option Base 1
Private Sub Command1_Click( )
d = 0 : c = 10
x = Array(10,12,21,32,24)
For i = 1 To 5
If x(i) > c Then
    d = d + x(i) : c = x(i)
Else
d = d - c
End If
Next i
Print d
End Sub
```

程序运行后,如果单击命令按钮,则在窗体上输出的内容为_____。

A) 89　　　　　　　　B) 99　　　　　　　　C) 23　　　　　　　　D) 77

2. 填空题

（1）当程序进入循环结构时,若出现死循环,按_____键可以终止程序运行。

（2）以下循环结构中,循环执行了_____次。

```
j = 10
Do While j > = 1
j = j - 1
Loop
```

（3）设 a = 6,则执行 x = IIf(a > 5, -1,0)语句后,x 的值是_____。

（4）用 Dim array(3 To 5, -2 To 2)语句定义的数组中有_____个元素。

（5）语句 Dim A&(10),B#(10,5)定义了两个数组,其类型分别为_____和
_____。

（6）给定年份,下列程序用来判断该年是否是闰年,请填空。

　　Dim x As Integer

　　x = InputBox("请输入年份")

　　If (x Mod 4 = 0 _____ x Mod 100 < > 0) _____ (x Mod 400 = 0) Then

　　　Print" 是闰年"

```
        Else
            Print"不是闰年,是普通年份"
    End If
```

（7）执行下面的程序段后,X 的值为_____。

```
X = 5
For i = 1 to 10 Step 2
X = X + i\5
Next i
```

（8）下列程序计算 Sn 的值。Sn = a + aa + aaa + … + aaa…a,其中最后一项为 n 个 a。例如:a = 3, n = 4 时,则 Sn = 3 + 33 + 333 + 3333。请填空。

```
Private Sub Command1_Click( )
Dim a As Integer, n As Integer, Cout As Integer
Dim Sn As Long, Tn As Long
Cout = 1 : Sn = 0 : Tn = 0
a = InputBox("请输入 a 的值:")
_____
Do
        Tn = Tn * 10 + a
        Sn = Sn + Tn
        Cout = Cout + 1
        _____
        Print a, n, Sn
End Sub
```

（9）下列事件过程的功能是:通过 Form_Load 事件分别给数组赋初值为 35、48、15、22、67,Form_Click 事件找出可以被 3 整除的数组元素并打印出来。请填空。

```
Dim Arr( )
Private Sub Form_Load( )
_____
End Sub
Private Sub Form_Click( )
_____
    If Int( x /3 ) = x /3 Then
        Print x
    End If
    Next x
End Sub
```

（10）在窗体上放置 1 个命令按钮(名称为 Command1)和 1 个文本框(名称为 Text1),然后编写命令按钮的 Click 事件过程。程序运行后,在文本框中输入一串英文字母(不区分大小写),单击命令按钮,程序可找出来在文本框中输入的其他所有英文字母,并以大写方式降序显示在 Text1 中。例如,若在 Text1 中输入的是 adDfdb,则单击 Command1 按钮后 Text1 中显示的字符串是 ZYXWVUTSRQPONMLKJIHGEC。请填空。

```
Private Sub Command1_Click( )
Dim str As String,s As String,c As String
str = UCase( Text1 )
s = " "
c = " Z"
While c > = " A"
    If InStr( str,c ) = 0 Then
        s = _____
    End If
        c = Chr $ ( Asc( c ) － 1 )
    Wend
If s < > " " Then        Text1 = s
End Sub
```

(11) 下面的程序执行时,可以从键盘输入一个正整数,然后把该数的每位数字按逆序输出。例如,输入 7685,则输出 5867;输入 1000,则输出 0001。请填空。

```
Private Sub Command1_Click( )
Dim x As Integer
x = InputBox( "请输入一个正整数" )
While x > _____
    Print x Mod 10;
    x = x\10
Wend
Print _____
End Sub
```

(12) 在窗体中添加一个命令按钮(其 Name 属性值为 Command1),然后编写如下代码:

```
Private Sub Command1_Click( )
Dim n( ) As Integer
Dim a,b As Integer
a = InputBox( "Enter the first number" )
b = InputBox( "Enter the second number" )
ReDim n( a To b )
For k = LBound( n,1 ) To UBound( n,1 )
n( k ) = k
Print n( k )
Next k
End Sub
```

程序运行后,单击命令按钮,在输入对话框中分别输入 1 和 3,输出结果为____。

（13）下面的程序用冒泡法将数组 a 中的 10 个整数按升序排列，请填空。

```
Option Base 1
Private Sub Command1_Click( )
Dim a
a = Array( - 2,5,24,58,43, - 10,87,75,27,83)
For i = _____
  For j = _____
    If a(i) > = a(j) Then a1 = a(i):a(i) = a(j):a(j) = a1
Next j
_____
For i = 1 to 10
  Print a(i)
Next i
End Sub
```

（14）以下是一个比赛评分程序。在窗体上建立一个名为 Text1 的文本框数组，然后画一个文本框 Text2 和一个命令按钮 Command1。运行时在文本框数组中输入 7 个分数，单击"计算得分"命令按钮，则最后得分显示在 Text2 文本框中（去掉一个最高分和一个最低分后的平均分即为最后得分），请填空。

```
Private Sub Command1_Click( )
Dim k As Integer
Dim sum As Single,max As Single,min As Single
sum = Text1(0)
max = Text1(0)
min = _____
For k = _____ To 6
If max < Text1(k) Then
    max = Text1(k)
If min > Text1(k) Then
    min = Text1(k)
sum = sum + Text1(k)
Next k
Text2 = (_____)/5
End Sub
```

（15）以下程序代码实现单击命令按钮 Command1 生成 20 个(0,100)之间的随机整数，存储于数组中，打印数组中大于 50 的数，并求这些数的和。

```
Private Sub Command1_Click( )
Dim arr(1 To 20)
For i = 1 To 20
    arr(i) = _____
```

```
        Print arr(i);
    Next i
    sum = 0
    For Each x _____
        If x > 50 Then
            Print x;
            sum = _____
        End If
    Next _____
    Print" sum = "; sum
End Sub
```

3. 实验操作题

（1）写出将十进制整数转换为二进制数的程序。

（2）编写程序，当单击窗体后，在窗体上打印如下所示的"数字金字塔"。

<pre>
                1
              1 2 1
            1 2 3 2 1
                ⋮
1 2 3 4 5 6 7 8 9 8 7 6 5 4 3 2 1
</pre>

（3）设计程序实现如下功能：对输入字符串的每一个字符进行判断，如果该字符是字母，则字母的个数加1；如果是数字，则数字的个数加1，如果是空格，则空格的个数加1，如果是其他字符，则其他字符的个数加1（除字符、数字及空格外的为其他字符），分别计算它们的个数。

（4）已知排好序的数组为：0，5，23，45，67，76，83，86，123，264，345，370，输入要查找的数据，用折半查找算法找出此数，并显示其在数组中的位置。

（5）设计一程序，随机产生10个整数，采用直接选择排序法按从小到大顺序排列。

（6）在窗体上随机打印100个小写的英文字母（a的ASCII码为97）。

（7）以1、2、3、4、5为边长可以形成几个三角形？请输出这些三角形的三个边长。

（8）设计一程序，显示出所有的水仙花数。所谓水仙花数，是指一个3位数，其各位数字立方和等于该数字本身。

（9）设计一学号和密码输入的检验程序，对输入的学号和密码规定如下：① 学号、密码均为6位，密码以"＊"代替。（其中假设学号为：A12345 密码为：54321A）；② 如果输入正确则弹出消息框："欢迎使用"，输入不正确则弹出消息框："学号密码不正确，请重新输入"，总共的输入机会只有3次，3次都不正确则弹出消息框："对不起，您不是该班学生"，单击"取消"按钮停止程序的运行。

（10）设计一程序，实现的功能是利用随机数函数模拟投币：每次随机产生一个0或1的整数，相当于一次投币，1代表正面，0代表反面。在窗体上放置有三个文本框，名称分别是Text1、Text2、Text3，分别用于显示用户输入投币总次数、出现正面的次数和出现反面的次数。程序运行后，在文本框Text1中输入总次数，然后单击"开始"按钮，按照输入的次数模拟投币,分别统计出现正面、反面的次数,并显示结果。

习题答案

1. 选择题

(1) B   (2) D   (3) B   (4) B   (5) D   (6) B   (7) D   (8) C   (9) B

(10) C   (11) A   (12) D   (13) A   (14) B   (15) C   (16) B   (17) D   (18) B

(19) C   (20) D   (21) A   (22) B   (23) C   (24) D   (25) C   (26) D   (27) B

(28) A   (29) C   (30) C

2. 填空题

(1) Ctrl + Break

(2) 10

(3) −1

(4) 15

(5) 一维长整型数组,二维双精度型数组

(6) And, Or

(7) 8

(8) n = InputBox("请输入 n 的值!"), Loop While Cout < = n

(9) Arr = Array(35, 48, 15, 22, 67), For Each x In Arr

(10) s & c 或者 s + c

(11) 9 , x

(12) 1 2 3

(13) 1 To 10, i + 1 To 10, Next i

(14) Text1(0), 1, sum − max − min

(15) Int(101 * Rnd), In arr , sum + x, x

3. 实验操作题

(1) 关键代码

```
Private Sub Command1_Click()
Dim DecNum As Integer
DecNum = Val(Text1.Text)
Do While DecNum < >0
  BinStr = (DecNum Mod 2)& BinStr  '将十进制数模 2 除得到的结果 1 或 0 连接成字符串
  DecNum = Int(DecNum /2) '将十进制数除 2 取整
Loop
Text2.Text = BinStr  '显示得到的二进制数
End Sub
```

(2) 关键代码

```
Private Sub Form_Click()
     For i = 1 To 9
        For j = 1 To 28 − 3 * i
```

```
        Print " " ;
      Next j
      For k = 1 To i              Print k;
      Next k
      For k = i - 1 To 1 Step - 1      Print k;
      Next k
      Print
    Next i
End Sub
```

（3）关键代码

```
Option Explicit
Dim letters As Integer   '声明模块级变量,此变量计算字母个数
Dim space As Integer    '空格个数
Dim digit As Integer    '数字个数
Dim others As Integer   '其他字符个数
Private Sub Command1_Click( )
Dim InputStr As String   '局部变量,此变量存储输入的字符串
Dim i As Integer   '循环控制变量,整型
Dim CaseStr As String   '此变量保存储所截取的字符
letters = 0   '初始化为 0
space = 0;digit = 0;others = 0
InputStr = Text1. Text   '取得输入的字符串
For i = 1 To Len( InputStr) '开始分别统计个数
 CaseStr = Mid( InputStr,i,1) '取得某个字符
 Select Case CaseStr
   Case" a" To" z" ," A" To" Z"  '如果字符是英文字母
    letters = letters + 1
   Case" "  '如果字符是空格
    space = space + 1
   Case 0 To 9  '如果字符是数字
    digit = digit + 1
   Case Else  '如果字符是其他字母
    others = others + 1
 End Select
Next
'以下代码用来显示统计出的结果值
Text2. Text = letters
Text3. Text = space
Text4. Text = digit
```

```vb
        Text5. Text = others
    End Sub
```

（4）关键代码

```vb
Option Base 1
Private Sub Command1_Click( )
 '单击按钮折半查找
    Dim a
    Dim Num As Integer,Mid As Integer,Min As Integer,Max As Integer
    Dim i,j As Integer,Loca As Integer
     '数组赋值
    a = Array(0,5,23,45,67,76,83,86,123,264,345,370)
    Num = Val(Text1. Text)
    Min = 1：Max = 12
    If Num < a(Min)Or Num > a(Max)Then   '不在数组范围内
        Text2. Text = "查无此数"
    Else
        Do While Min < = Max
            Mid = Int((Min + Max)/2) '置中间数值
            If a(Mid) = Num Then
                Loca = Mid
                Text2. Text = Num &"在第"& Loca &"个位置"
                Exit Do
            ElseIf a(Mid) > Num Then
                Max = Mid − 1
            Else
                Min = Mid + 1
            End If
            Text2. Text = "查无此数"
        Loop
    End If
End Sub
```

（5）关键代码

```vb
Private Sub Command1_Click( )
Dim a(1 To 10)As Integer
Dim m As Integer,n As Integer,k As Integer
Dim temp As Integer
For m = 1 To 10
   a(m) = Int(20 * Rnd)
   Label1. Caption = Label1. Caption & a(m)&" "
```

```
    Next m
    For m = 1 To 9
        k = m
        For n = m + 1 To 10
        If( a( n ) < a( k ) ) Then k = n
        Next n
        If( k < > m ) Then
            temp = a( m ) : a( m ) = a( k ) : a( k ) = temp
        End If
    Next m
    For m = 1 To 10
        Label2. Caption = Label2. Caption & a( m ) & " "
    Next m
End Sub
```

（6）关键代码

```
Private Sub Command1_Click( )
Dim num , i , j As Integer
Dim letter As String
j = 1
For i = 1 To 100
    num = Int( Rnd * 26 ) + 97
    letter = Chr( num )
    Print Space( 1 ) + letter;
    j = j + 1
    If j > 25 Then
        j = 1
        Print" "
    End If
Next
End Sub
```

（7）关键代码

```
Private Sub Command1_Click( )
s = 0
Print" a" & "            b" & "                c"
    For a = 1 To 5
    For b = 1 To a
    For c = 1 To b
        If b + c > a Then s = s + 1 : Print a , b , c
    Next c
```

```
        Next b
    Next a
    Print"                共有"& s &"个三角形"
End Sub
```

（8）关键代码

```
Private Sub Command1_Click( )
Dim p As Integer
Print"水仙花数为:"
For n = 100 To 999
a = Int( n /100)
b = Int( ( n - a * 100)/10)
c = n - ( a * 100 + b * 10)
p = a ^ 3 + b ^ 3 + c ^ 3
If p = n Then Print p
Next
End Sub
```

（9）关键代码

```
Dim I As Integer
Private Sub Form_Load( )
Text1. MaxLength = 6
Text2. MaxLength = 6
Text2. PasswordChar = " * "
End Sub
Private Sub Command1_Click( )
If Text1. Text = " A12345" And Text2. Text = "54321A" Then
MsgBox"欢迎使用"
Else
i = i + 1
MsgBox"学号密码不正确,请重新输入"
Text1. SetFocus
If i > = 3 Then
MsgBox"对不起,您不是该班学生"
End
End If
End If
End Sub
Private Sub Command2_Click( )
End
End Sub
```

（10）关键代码

```
Private Sub Command1_Click()
Randomize
n = CInt(Text1.Text)
n1 = 0 : n2 = 0
For i = 1 To n
r = Int(Rnd * 2)
If r = 1 Then
n1 = n1 + 1
Else
n2 = n2 + 1
End If
Next
Text2.Text = n1 : Text3.Text = n2
End Sub
```

第 **4** 章

应用界面设计

【学习目的与要求】

1. 窗体

了解窗体的结构、属性和事件。

2. 常用标准控件

掌握标准控件的属性、事件和方法。

3. 菜单、工具栏和状态栏

(1) 掌握使用菜单编辑器来创建菜单。

(2) 了解 ActiveX 控件,掌握工具栏和状态栏的创建方法。

4. MDI 窗体与环境应用

(1) 建立 MDI 窗体应用程序。

(2) 多重窗体程序的执行与保存。

5. 对话框

掌握通用对话框的使用方法。

6. 鼠标和键盘事件

(1) 了解 KeyPress 事件、KeyDown 事件和 KeyUp 事件。

(2) 了解鼠标事件。

【重难点与习题解析】

1. 窗体

窗体(Form)是 VB 编程中最常见的对象,各种控件对象必须建立在窗体上,即窗体是所有控件的容器。窗体的常用事件有 Load、Unload、Activate 与 Deactivate 等。窗体文件的扩展名为 .frm。

【题1】 要将名为 MyForm 的窗体显示出来,下列正确的使用方法是_____。

A) MyForm. Show   B) Show. MyForm   C) MyForm Load   D) MyForm Show

解析:本题考核窗体显示的方法,显示窗体应使用窗体的 show 方法实现,因此答案为 A。B、D 的答案不正确,在 Visual Basic 中方法的调用格式为:对象. 方法。

【题 2】 窗体文件的扩展名是_____。

  A）. bas   B）. cls   C）. frm   D）. res

解析：. bas 为程序模块文件的扩展名；. cls 为类模块文件的扩展名；. res 为相关资源文件的扩展名；. frm 为窗体文件的扩展名，所以选项 C 是正确的。

2. 常用标准控件

VB 控件分为三类，即内部控件、ActiveX 控件和可插入对象。

内部控件指的是在 VB 开发环境中，初始状态下工具箱中所包含的一系列控件。如文本框（Textbox）、标签（Label）、命令按钮（CommandButton）等，这些控件是 VB 的基础控件，使用的频率非常高，几乎所有的应用程序都会用到 VB 内部控件。

ActiveX 控件是 VB 控件箱的扩充部分，这些控件在使用之前必须添加到工具箱中。

可插入对象是由其他应用程序创建的对象，利用可插入对象，就可以在 VB 应用程序中使用其他应用程序的对象，例如在程序中使用 Word、Excel 等。

【题 3】 下列说法正确的是_____。

  A）属性的一般格式为对象名_属性名称，可以在设计阶段赋予初值，也可以在运行阶段通过代码来更改对象的属性

  B）对象是有特殊属性和行为方法的实体

  C）属性是对象的特性，所有的对象都有相同的属性

  D）属性值的设置只可在属性窗口中设置

解析：属性是一个对象的特性，不同的对象有不同的属性，故选项 C 是不正确的；引用属性的一般格式为：对象名. 属性名称，故选项 A 不正确；对象的属性值可以在属性窗口中设置，也可以在程序语句中设置，故选项 D 是不正确的；对象是有特殊属性和行为方法的实体，不同的对象有不同的属性，故选项 B 是正确的。

【题 4】 下列说法正确的是_____。

  A）在活动窗体中只能通过拖拉右上角和左下角的小方块来同时在高度和宽度上缩放控件

  B）控件的方法可以在属性窗口设置调用

  C）窗体中活动控件只能有一个

  D）非活动控件在窗体中是隐藏的

解析：本题考查的是控件的基本操作。任何一个程序，在一定的时间，只有一个控件是活动控件，所以选项 C 是正确的；控件的方法只能在代码窗调用，故选项 B 是不正确的；活动窗体的缩放可以通过拖动 4 个角的小方块来调整控件的大小，即宽度和高度，所以选项 A 是不正确的；在窗体上的非活动控件不是隐藏的，所以选项 D 不正确。

【题 5】 任何控件都有的属性是_____。

  A）BackColor   B）Caption   C）Name   D）BorderStyle

解析：本题的四个选项中只有选项 C 的 Name 属性适用于所有控件，其他选项中的属性只是适用于部分控件。如，对话框控件就没有 BackColor 和 BorderStyle 属性。

【题 6】 Visual Basic 中的控件分为三类：一类是 ActiveX 控件；一类是可插入对象；另一类是_____。

  A）文本控件   B）标准控件   C）基本控件   D）图形控件

解析:控件是在图形用户界面(GUI)上进行输入/输出信息、启动事件程序等交互操作的图形对象,是进行可视化程序设计的基础和重要工具,Visual Basic 中的控件分为三类:一类是标准控件(也称内部控件);一类是 ActiveX 控件;还有一类是可插入对象。此题答案为 B。

【题 7】 如果将文本框控件设置成只有垂直滚动条,则需要将 ScrollBars 属性设置为_____。

A) 0   B) 1   C) 2   D) 3

解析:本题考查的是文本框控件的相关属性。ScrollBars 有 4 个值:0,表示没有滚动条,默认值;1,表示控件中只有水平滚动条;2,表示控件中只有垂直滚动条;3,同时具有水平和垂直滚动条。此题答案为 C。

【题 8】 当组合框的 Style 属性设置为_____时,组合框称为简单组合框。

A) 0   B) 1   C) 2   D) 3

解析:本题考查的是组合框的相关属性。Style 属性用来决定控件类型及列表框部分行为,其值可以取 0,1,2。

0——Dropdown ComboBox:此时组合框称为下拉式组合框,看上去像一个下拉列表框,但是可以输入文本或从下拉列表框中选择表项。

1——Simple ComboBox:此时组合框称为简单组合框,它由一个文本编辑区和一个标准列表框组成。

2——Dropdown ListBox:此时组合框称为下拉列表框,它的外观和下拉组合框一样,右端也有一个箭头,可供"拉下"或"收起"列表框,可以从下拉列表框中选择表项,也可以输入表项的文本作选择,但不接收其他文本输入。

【题 9】 在运行程序时,在文本框中输入新的内容,或在程序代码中改变 text 的属性值,会触发_____事件。

A) GotFocus   B) Click   C) Change   D) DblClick

解析:在本题的 4 个选项中,GotFocus 是设置焦点事件,所以选项 A 不合题意;Click 是单击事件,所以选项 B 不合题意;DblClick 是双击事件,所以选项 D 也不合题意;Change 是改变文本框内容事件,只要文本框中的内容改变就会触发该事件,故选项 C 是本题的答案。

【题 10】 标签控件能够显示文本信息,文本内容用_____属性来设置。

A) Alignment   B) Caption   C) Visible   D) BorderStyle

解析:标签(Label)主要用来显示一小段不需要用户修改的文本,被显示文本内容只能由 Caption 属性来定义和修改,因此选项 B 是正确的;选项 A 确定标签标题的放置方式;选项 C 决定程序运行后,控件是否在屏幕上显示出来;选项 D 中的 BorderStyle 属性返回或设置对象的边框样式。

【题 11】 当在滚动条内拖动滚动块时触发_____。

A) KeyUp 事件   B) KeyPress 事件   C) Scroll 事件   D) Change 事件

解析:本题考查的是滚动条事件的应用。在 Visual Basic 中,与滚动条有关的事件是 Scroll 和 Change 事件。当在滚动条内拖动滚动块时触发 Scroll 事件;改变滚动条的位置后,将触发 Change 事件。Scroll 事件用于跟踪滚动条中的动态变化,Change 事件用于得到滚动条最后的值。此题答案为 C。

【题 12】 当滚动条的滑块位于最左端或最上端时，Value 属性应被设置为_____。

A) Min　　　　　　B) Max　　　　　　C) Max 和 Min 之间　　D) Max 和 Min 之外

解析：一般情况下，垂直滚动条的值由上往下递增，最上端代表最小值，最下端代表最大值；水平滚动条的值从左到右递增，最左端代表最小值，最右端代表最大值。因此当滚动条滑块位于最左端或最上端时，Value 属性被设置为 Min。此题答案为 A。

【题 13】 在 Visual Basic 中，组合框是文本框和_____的组合。

A) 复选框　　　　　B) 标签　　　　　　C) 列表框　　　　　D) 目录列表框

解析：组合框是一个独立的控件，它具有列表框和文本框的功能，它可以像列表框一样，让用户通过鼠标选择需要的项目，也可以像文本框一样，用输入的方式选择项目。此题答案为 C。

【题 14】 下列语句中，获得列表框 List1 中项目个数的语句是_____。

A) x = List1. ListCount　　　　　　B) x = ListCount

C) x = List1. ListIndex　　　　　　D) x = ListIndex

解析：List 控件的 ListCount 属性返回列表部分项目的个数。此题答案为 A。答案 B、C 不正确，因为 VB 中调用方法的格式为：控件名. 方法名。C 选项返回的是选中项的索引。

【题 15】 要获得当前驱动器号应使用驱动器列表框的_____属性。

A) Path　　　　　　B) Drive　　　　　　C) Dir　　　　　　D) Pattern

解析：驱动器控件常用的属性是 Drive，返回当前驱动器号。答案为 B。

【题 16】 在程序运行期间可以将图形装入窗体、图片框或图像框的函数是_____。

A) DrawStyle　　　　B) AutoSize　　　　C) PasswordChar　　D) LoadPicture

解析：LoadPicture 函数用于在程序运行期间对窗体、图片框或者图像框的 Picture 属性赋值，加载图形文件，它的格式为：[〈对象〉]. Picture = LoadPicture([" 文件名"])，PasswordChar 用于决定密码的显示方式；Drawstyle 用于决定外观。

3. 菜单、工具栏和状态栏

(1) 菜单

菜单是应用系统的组成部分之一，它一般由菜单栏和下拉菜单组成。在 VB 开发环境中，可以方便地利用菜单编辑器来进行创建、修改菜单。菜单又可以分为一般菜单和弹出式菜单，弹出式菜单的设计过程与一般菜单设计过程基本相同，只是习惯上，弹出式菜单不在窗体中直接显示出来，这时需在菜单编辑器中将该菜单的"可见"复选框不选中（即不可见），在程序运行时，可以使用 PopupMenu 方法显示弹出式菜单，该方法的语法如下：

PopupMenu" 菜单名"，flags，x，y，boldcommand

其中，flags 参数为一些常量数值的设置，包含位置及行为两个指定值，当 PopupMenu 方法中没有给出 x 值时，flags 参数为行为参数。

flags 位置常量的取值如下：

0(默认)：菜单的左上角位于 x。

4：菜单上框中央位于 x。

8：菜单右上角位于 x。

flags 行为常量的取值如下：

　　0(默认)：菜单命令只接收右键单击。

　　2：菜单命令可接收左、右键单击。

boldcommand 参数指出弹出式菜单中要用粗体显示的菜单项名称(只有一个菜单项具有加粗效果)。

【题17】　设已经在菜单编辑器中设计了窗体的快捷菜单,其顶级菜单为 Bs,取消其"可见"属性,运行时,在以下事件过程中,可以使快捷菜单响应鼠标右键菜单的是_____。

A) Private Sub Form_MouseDown(Button As Integer, Shift As Integer,_X As Single,Y As Single)

　　If Button = 2 Then PopupMenu Bs,2

　　End Sub

B) Private Sub Form_MouseDown(Button As Integer,Shift As Integer,_X As Single,Y As Single)

　　PopupMenu Bs

　　End Sub

C) Private Sub Form_MouseDown(Button As Integer,Shift As Integer,_X As Single,Y As Single)

　　PopupMenu Bs,0

　　End Sub

D) Private Sub Form_MouseDown(Button As Integer,Shift As Integer,_X As Single,Y As Single)

　　If(Button = vbLeftButton)Or(Button = vbRightButton)Then PopupMenu Bs

　　End Sub

解析：此题答案为 A。在 Visual Basic 中,快捷菜单可以用 Visual Basic 中提供的菜单编辑器编辑,使用 PopupMenu 方法可以让快捷菜单在运行时显示出来。PopupMenu 方法的使用形式如下：

[对象].PopupMenu 菜单名,标志,x,y

其中,x、y 是提供菜单显示的位置;标志是指定快捷菜单的行为。

B、C、D 选项不正确,因为单击鼠标左、右键都可以弹出菜单 Bs。

【题18】　在用菜单编辑器设计菜单时,不可缺少的项目是_____。

A) 快捷键　　　　　B) 名称　　　　　C) 索引　　　　　D) 标题

解析：此题答案为 B。本题考查对菜单设计器的掌握程度。选项 A 中,快捷键(Short-Cut)下拉列表框是用来存储快捷键的,供用户为菜单项选择一个快捷键,菜单项的快捷键可以不要,但如果选择了快捷键则会显示在菜单标题的右边,在程序运行时,用户按快捷键同样可以完成选择该菜单项并执行相应命令的操作。选项 B 中,名称是用来输入菜单及菜单项名称的文本框。名称不在菜单中出现,名称是在代码中访问菜单项唯一的标识符,名称是不能省略的。选项 C 中,索引表示菜单数组中的位置序号,如果不定义菜单数组,不要理会。选项 D 中,标题(Caption)文本框用来让用户输入显示在窗体上的菜单标题,输入的内容会在菜单编辑器窗口的下边空白部分显示出来,该区域称为菜单显示区域,如果在标题中某个字母前加上 &,程序运行后在菜单项中该字母下将加上下划线,"Alt + 特定字母"称为访问键,用以访问该菜单项,这种访问只能逐层进行,不能越过某一层而访问深层子菜单。

(2) 工具栏和状态栏

工具栏和状态栏都不是标准控件,属于 ActiveX 控件。要使用一个 ActiveX 控件,可通过"部件"对话框(从工程菜单中单击"部件"菜单项打开)将此控件添加到工具箱中。一旦将控件添加到工具箱中,就可以用和内部控件一样的方式进行使用。

【题 19】　要使用工具栏控件设计工具栏,应首先在"部件"对话框中选择_____,然后从工具箱中选择_____控件。

解析:本题考查工具栏的创建方法。使用时,应首先在"部件"对话框中选择"Microsoft Windows Common Controls 6.0",这样就会把工具栏(ToolBar)、状态栏(StatusBar)、树状控件(TreeView)等 9 种 Windows 公共控件添加到工具箱中,然后,从工具箱中选择工具栏控件即可。

【题 20】　要给工具栏按钮添加图像,应首先在_____控件中添加所需要的图像,然后在工具栏的属性页中选择与该控件相关联。

解析:本题考查的是给工具栏按钮添加图像的方法。使用时,应首先在 ImageList 控件中添加所需图像。工具栏常常和 ImageList 控件一起使用,ImageList 控件用于为其他控件(如 Toolbar、TreeView 等)提供图像资源,它类似于一个图像仓库。每个 ListImage 对象存放的是图像文件。将工具栏和 ImageList 控件关联后,工具栏就可以使用 ImageList 控件存放的图像文件了。

4. MDI 窗体与环境应用

多文档界面(Multiple Document Interface,MDI)是 Windows 应用程序的典型结构。与一般的窗体相比,MDI 窗体具有以下特性:

① 主窗口 MDI 窗体(称父窗体)只能有且必须有一个。

② 子窗体至少有一个。

③ 所有的子窗体无论进行什么操作都不能移出 MDI 窗体。

④ 子窗体最小化后的图标位于 MDI 窗体的底部(不是在任务栏)。

⑤ 父窗体最小化时(图标在任务栏),所有的子窗体也同时最小化且 MDI 窗体及其所有子窗体将由一个图标来代表。

⑥ 还原 MDI 窗体时,MDI 窗体及其所有子窗体将按最小化之前的状态显示出来。

⑦ 通过设置子窗体的 AutoShowChildren 属性,可以在程序加载时自动显示或隐藏该窗体。

【题 21】　下列关于 MDI 窗体中说法正确的是_____。

A)一个应用程序可以有多个 MDI 窗体

B)子窗体可以移到 MDI 窗体以外

C)不可以在 MDI 窗体上放置按钮控件

D)MDI 窗体的子窗体不可以拥有菜单

解析:此题考查的是 MDI 窗体的特点。在一个应用程序中,主窗口 MDI 窗体(称父窗体)只能有且必须有一个,所以选项 A 不正确。所有的子窗体无论进行什么操作都不能移出 MDI 窗体,所以选项 B 不正确。无论是父窗体还是子窗体都可以拥有自己的菜单,所以选项 D 不正确,MDI 窗体上并不能直接放置按钮控件,但可以通过放置图片框作为容器,然后在其上放置按钮控件,所以选项 C 正确。

5. 对话框

在 Visual Basic 中,对话框分为 3 种类型:即预定义对话框、自定义对话框和通用对话框。CommonDialog 控件用于提供一组标准的常用操作对话框,在运行时并不显示控件,但可以利用指定的方法显示指定对话框,见表 4-1。

表 4-1　不同方法对应的功能

方　　法	功　　能
ShowOpen	显示"打开文件"对话框
ShowSave	显示"保存文件"对话框
ShowColor	显示"选择颜色"对话框
ShowFont	显示"选择字体"对话框
ShowPrinter	显示"打印"对话框
ShowHelp	显示"帮助文件"对话框

【题 22】　下列说法正确的是_____。

A) 在 Visual Basic 中的对话框分为两种类型:预定义对话框和自定义对话框

B) 自定义对话框由用户根据自己需要定义的

C) 预定义对话框是用户在设置程序代码后定义的

D) MsgBox 函数是用户的自定义对话框的函数

解析:本题考查对话框的分类及特点。在 Visual Basic 中,对话框分为 3 种类型:即预定义对话框、自定义对话框和通用对话框,所以选项 A 不正确;预定义对话框也称预制对话框,是由系统提供的,Visual Basic 系统提供了两种预定义对话框:即输入框和信息框(或消息框),前者用 InputBox 函数建立,后者用 MsgBox 函数建立,所以选项 C 和 D 不正确;自定义对话框也称定制对话框,这种对话框由用户根据自己的需要进行定义,输入框和信息框尽管很容易建立,但在应用上有一定的限制,所以选项 B 是正确的;通用对话框是一种控件,用这种控件可以设计较为复杂的对话框。

【题 23】　下列说法错误的一项是_____。

A) 文件对话框可分为两种,即打开(Open)文件对话框和保存(Save As)文件对话框

B) 通用对话框的 Name 属性的默认值为 CommonDialogx,此外,每种对话框都有自己的默认标题

C) 打开文件对话框可以让用户指定一个文件,由程序使用;而用保存文件对话框可以指定一个文件,并以这个文件名保存当前文件

D) DefaulText 属性和 DialogTitle 属性都是打开对话框的属性,但非保存对话框的属性

解析:文件对话框分为两种:即打开对话框和保存对话框,所以选项 A 正确;通用对话框的 Name 属性的默认值为 CommonDialogx,此外,每种对话框都有自己的默认标题,所以选项 B 正确;打开文件对话框可以让用户指定一个文件,由程序使用,而用保存文件对话框可以指定一个文件,并以这个文件名保存当前文件,所以选项 C 正确;除 DefaulText、DialogTitle 属性是打开和保存对话框共有的,还有 FileName、FileTitle、Filter、FilterIndex、Flags、InitDir、MaxFileSize、CancelError、HelpCommand、HelpContext 和 HelpFile 属性,都是它们共有的,所以

选项 D 不正确。

6. 鼠标和键盘事件

Visual Basic 的应用程序可以接受鼠标和键盘事件。在按下键盘上的某个键时将触发 KeyPress 事件。KeyPress 事件过程的一般格式如下：

Private Sub object_KeyPress(keyascii As Integer)

其中,参数 keyascii 用来识别按键的 ASCII 码,例如按下 A 键,keyascii 的值为 65。Keyascii 通过引用传递,对它进行改变可给对象发送一个不同的字符,将 keyascii 改变为 0 时可取消击键,这样对象便无法接收字符。

当按下或者释放键盘上的某个键时,将分别触发 KeyDown、KeyUp 事件。KeyDown 和 KeyUp 事件处理过程的语法如下：

Private Sub object_KeyDown(keycode As Integer, Shift As Integer)

Private Sub object_KeyUp(keycode As Integer, Shift As Integer)

其中各参数的含义如下：

keycode:是一个键代码,如 vbKeyF1(F1 键)或 vbKeyHome(Home 键)。如要查看键代码,可使用对象浏览器中的 VB 对象库中的常数。

Shift:转换键,是在事件发生时反映 Shift、Ctrl 和 Alt 键状态的一个整数。键盘上的 Shift 键、Ctrl 键和 Alt 键分别用二进制中的一位来表示,对应于值 001(十进制为 1),010(十进制为 2)和 100(十进制为 4)。各种不同的按键组合将对应不同的数值,例如,如果 Ctrl 和 Alt 这两个键都被按下,则 Shift 的值为 6。

MouseDown 和 MouseUp 分别发生在按下鼠标键和释放鼠标键时。MouseMove 事件伴随鼠标指针在对象间移动时连续不断地触发。除非有另一个对象捕获了鼠标,否则,当鼠标位置在对象的边界范围内时该对象就能接收 MouseMove 事件。

【题 24】 设在窗体上有一个文本框,然后编写如下的事件过程：

```
Private Sub Text1_KeyDown(KeyCode As Integer, Shift As Integer)
    Const Alt = 4
    Const Key_F2 = &H71
    altdown% = (Shift And Alt) > 0
    f2down% = (KeyCode = Key_F2)
    If altdown% And f2down% Then
        Text1. Text = "BBBBB"
    End If
End Sub
```

上述程序运行后,如果按 Shift + F2 组合键,则在文本框中显示的是_____。

A) Alt + F2

B) BBBBB

C) 随机出几个数

D) 文本框内容无变化

解析:此题是有关 KeyDown 事件的题目,KeyDown 是当一个键被按下时所触发的事件,而 KeyUp 是释放被按的键时触发的事件,如果要判断是否按下了某个转换键,可以用逻辑运算符 And。例如,先定义了下面 3 个符号常量:Const Shift = 1, Const Ctrl = 2, Const Alt = 4;然后用下面的语句判断是否按下 Shift、Ctrl、Alt 键;

如果 Shift And Shift > 0,则按下了 Shift 键;

如果 Shift And Ctrl > 0,则按下了 Ctrl 键;

如果 Shift And Alt > 0,则按下了 Alt 键;

这里的 Shift 是 KeyDown 的第二个参数。

上述代码中 KeyCode 接收键盘键的代码,Key_F2 表示 F2 键。此事件过程中的 If 后的条件语句如果为真,则是按下了 Alt + F2 键,而本题目中是按下了 Shift + F2 键,所以不执行 Then 语句,即文本框的内容无变化。

【题 25】 程序运行后,在窗体上单击鼠标,此时窗体不会接收到的事件是_____。

A) MouseDown   B) MouseUp   C) Load   D) Click

解析:此题考查的是鼠标的相关事件在何种情况下会发生。Click 事件发生在鼠标单击时,而 MouseDown 和 MouseUp 分别发生在按下鼠标和释放鼠标时。Load 事件发生在窗体加载进入内存的时候。所以答案选 C。

【实验练习与分析】

【题 26】 建立一窗体,并在其中添加一个标签控件,当单击窗体时,标签显示"单击";当双击窗体时,标签显示"双击"。运行界面如图 4-1 所示。

解析:

(1) 此题考查窗体的鼠标事件及标签的 Caption 属性。按题目要求,设计一个窗体,其中放置一个 Label 控件,各种属性使用默认值。

(2)

```
Private Sub Form_Click( )
Label1. Caption = " 单击"
End Sub
Private Sub Form_DblClick( )
Label1. Caption = " 双击"
End Sub
```

【题 27】 设计一个用户登录界面,在文本框中输入用户名及口令,判断用户是否合法。运行界面如图 4-2 所示。

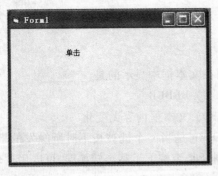

图 4-1

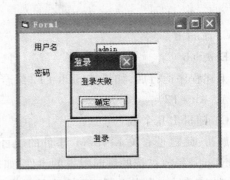

图 4-2

解析：

（1）此题目考查文本框的 Text 属性以及判断语句的用法。添加一窗体，并在其中设置两个 TextBox 控件。要注意把用于输入密码的 text2 文本框的 PasswordChar 属性设置为"＊"。

（2）Private Sub Command1_Click( )

If Text1. Text = "admin" And Text2. Text = "8888" Then

　MsgBox"登录成功",vbOKOnly,"登录"

Else

　MsgBox"登录失败",vbOKOnly,"登录"

End If

End Sub

【题 28】 控制文本的字体、字号及颜色。要求设计如图 4－3 所示的界面，用户可以通过选择其中的单选按钮来确定文件的字体、字号及颜色。

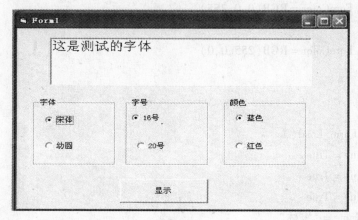

图 4－3

解析：

（1）根据题目要求，在窗体上添加相应的控件，属性如表 4－2 所示。

表 4－2　对象及属性设置表

控件名称	属性名称	属性值
Frame1	Caption	字体
Frame2	Caption	字号
Frame3	Caption	颜色
Option1	Caption	宋体
Option2	Caption	幼圆
Option3	Caption	16 号
Option4	Caption	20 号
Option5	Caption	蓝色
Option6	Caption	红色
Command1	Caption	显示

（2）Private Sub Command1_Click( )

If Option1. Value Then

    Text1. FontName = "宋体"

Else

    Text1. FontName = "幼圆"

End If

If Option3. Value Then

    Text1. FontSize = 16

Else

    Text1. FontSize = 20

End If

If Option5. Value Then

    Text1. ForeColor = RGB(0,0,255)

Else

    Text1. ForeColor = RGB(255,0,0)

End If

End Sub

Private Sub Form_Load( )

Option1. Value = True

Option3. Value = True

Option5. Value = True

Text1. FontName = "宋体"

Text1. FontSize = 16

Text1. ForeColor = RGB(0,0,255)

End Sub

【题29】   制作颜色调配器。要求制作如图4－4所示的界面,用户可以通过调节滚动条来设定红、蓝、绿三种颜色的比例从而调节标签控件的背景色。

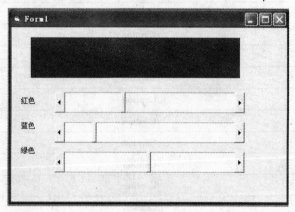

图4－4

解析:

(1)该题考查的是滚动条控件的使用。设定三条水平滚动条,分别用于改变红、蓝和绿色的比例。由于 RGB 需要的参数范围是 0~255,故要把滚动条的 Min 和 Max 属性分别设置为 0 和 255。

(2) Private Sub HScroll1_Change()

Dim a As Integer

Dim b As Integer

Dim c As Integer

a = HScroll1. Value

b = HScroll2. Value

c = HScroll3. Value

Label1. BackColor = RGB(a,b,c)

End Sub

Private Sub HScroll2_Change()

Dim a As Integer

Dim b As Integer

Dim c As Integer

a = HScroll1. Value

b = HScroll2. Value

c = HScroll3. Value

Label1. BackColor = RGB(a,b,c)

End Sub

Private Sub HScroll3_Change()

Dim a As Integer

Dim b As Integer

Dim c As Integer

a = HScroll1. Value

b = HScroll2. Value

c = HScroll3. Value

Label1. BackColor = RGB(a,b,c)

End Sub

【题 30】 制作一个倒计时软件。从 60 秒开始倒计时,每秒减 1,直到 0 为止。运行界面如图 4-5 所示。

解析:

(1)题目考查的是 Timer 控件的使用。Timer 控件有两个重要的属性:Interval 和 Enabled。Ingerval 属性控制 Timer 的跳动频率,单位是毫秒(ms)。根据题目要求,在窗体上添加一个标签和计时器控件,属性设置情况如表 4-3 所示。

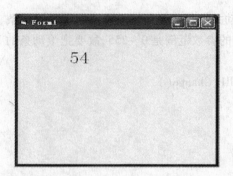

图 4 – 5

表 4 – 3　对象及属性设置表

控件名称	属性名称	属性值
Timer1	Interval	1 000
Label1	Caption	60
Label1	Font	小一

（2）Private Sub Timer1_Timer( )

Dim a As Integer

a = Val(Label1. Caption)

If a > 0 Then

　　a = a – 1

End If

Label1. Caption = Str(a)

End Sub

【题 31】　设计一个走动的时钟。制作一个如图 4 – 6 所示的时钟，可以显示系统当前的时间。

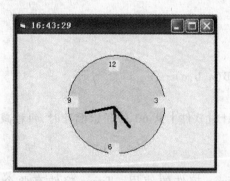

图 4 – 6

解析：

（1）题目考查的是线条和图形控件的使用。根据题目要求在窗体上添加 1 个计时器控件、4 个标签控件、1 个形状控件和 3 个线条控件。属性设置情况如表 4 - 4 所示。

表 4 - 4　对象及属性设置表

控件名称	属性名称	属性值
Timer1	Interval	1 000
Label1	Caption	12
Label2	Caption	3
Label3	Caption	9
Label4	Caption	6
LineS	BorderWidth	4
LineH	—	—
LineM	—	—
LineS	BorderColor	&H000000FF&
LineH	BorderColor	&H00FF0000&
LineM	BorderColor	&H80000008&

（2）Const pi = 3. 14159

Private len_S As Single, len_M As Single, len_H As Single

Private Sub Form_Load( )

　'先取各指针的长度

　'秒针长度

len_S = Sqr((LineS. Y2 – LineS. Y1) ^2 + (LineS. X2 – LineS. X1)^2)

　'分针长度

　len_M = Sqr((LineM. Y2 – LineM. Y1)^2 + (LineM. X2 – LineM. X1)^2)

　'时针长度

　　len_H = Sqr((LineH. Y2 – LineH. Y1)^2 + (LineH. X2 – LineH. X1)^2)

　　Call Timer1_Timer

End Sub

Private Sub Timer1_Timer( )

Dim s As Single, m As Single, h As Single

Form1. Caption = Time

s = Second(Time)

m = Minute(Time)

h = Hour(Time) + m/60

LineS. X2 = LineS. X1 + len_S * Sin(pi * s/30)　　　　　'绘制秒针

LineS. Y2 = LineS. Y1 − len_S * Cos(pi * s/30)

LineM. X2 = LineM. X1 + len_M * Sin(pi * m/30)　　　　'绘制分针

LineM. Y2 = LineM. Y1 − len_M * Cos(pi * m/30)

If h > = 12 Then h = h − 12

LineH. X2 = LineH. X1 + len_H * Sin(pi * h/6)　　　　'绘制时针

LineH. Y2 = LineH. Y1 − len_H * Cos(pi * h/6)

End Sub

【题32】　在名为 Form1 的窗体上绘制一个名为 Pic1 的图片框,然后建立一个主菜单,标题为"操作",名称为 vbOp,该菜单有两个菜单项,其标题分别为"显示"和"清除",名称分别为 vbDis 和 vbClear。编写适当的事件过程,使程序运行后,若单击"操作"菜单中的"显示"命令,则在图片框中显示"Visual Basic",状态栏上显示"显示";如果单击"清除"命令,则清除图片框中的信息,状态栏上显示"清除"。程序运行情况如图4−7所示。

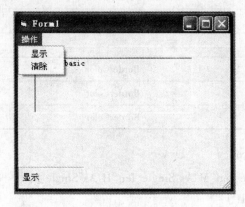

图4−7

解析:

(1) 题目考查的是菜单、状态栏的相关属性和方法。可以在菜单的 Click 事件中,在图片框及状态栏中显示相应的内容。根据题目要求,在窗体中放置1个图片框、1个菜单及1条状态栏。状态栏不是工具箱中的默认控件,需要进行手工添加,添加办法是:对工具箱单击鼠标右键,选取"部件",在"部件"对话框中选择"Microsoft Windows Common Controls 6.0"。各个控件选择默认的属性。

(2) Private Sub vbclear_Click( )

Picture1. Cls

StatusBar1. Panels. Item(1) = "清除"

End Sub

Private Sub vbdis_Click( )

Picture1. Print" Visual Basic"

StatusBar1. Panels. Item(1) = "显示"

End Sub

【精选习题与答案】

1. 选择题

（1）将控件放置到窗体中最迅速的方法是_____。

A）双击工具箱中的控件　　　　　　　B）单击工具箱中的控件

C）拖动鼠标　　　　　　　　　　　　D）单击工具箱中的控件并拖动鼠标

（2）窗体最小化的示意图标可用_____属性来设置。

A）Picture　　　　B）Image　　　　C）Icon　　　　D）MouseIcon

（3）窗体 Form1 的 Caption 属性为 frm，它的 Load 事件的过程名为_____。

A）Form_Load　　B）Form1_Load　　C）Frm_Load　　D）Me_Load

（4）下列叙述不正确的是_____。

A）命令按钮的值属性是 Caption

B）标签按钮的值属性是 Caption

C）复选框的值属性是 Value

D）滚动条的值属性是 Value

（5）当用户单击命令按钮时，_____属性可以使得命令按钮对激发事件无效。

A）Name　　　　　B）Enable　　　　C）Default　　　　D）Cancel

（6）将命令按钮的_____属性设置为 True，当用户按下 Esc 键时可以激发该命令按钮的 Click 事件。

A）Name　　　　　B）Enable　　　　C）Default　　　　D）Cancel

（7）引用列表框 List 最后一个数据项可使用表达式_____。

A）List1. List(List1. ListCount)　　　　B）List1. List(List1. ListCount − 1)

C）List1. List(ListCount)　　　　　　D）List1. List(. ListCount − 1)

（8）当滚动滚动条时，将会触发滚动条的_____事件。

A）Move　　　　　B）Change　　　　C）Scroll　　　　D）GetFocus

（9）为了使图片框和图像框的大小适应图片的大小，下面设置正确的是_____。

A）AutoSize = True　　Stretch = True　　　　B）AutoSize = True　　Stretch = False

C）AutoSize = False　　Stretch = True　　　　D）AutoSize = False　　Stretch = False

（10）下列控件中，没有 Caption 属性的是_____。

A）框架　　　　　　B）列表框　　　　　C）复选框　　　　D）单选按钮

（11）在使用 VB 进行图形操作时，下列有关坐标系说明中错误的是_____。

A）VB 只有一个统一的，以屏幕左上角为坐标原点的坐标系

B）在调整窗体上的控件大小和位置时，使用以窗左上角为原点的坐标系

C）所有的图形及 Print 方法使用的坐标系与容器有关

D）VB 坐标系的 Y 轴，上端为 0，越往下越大

（12）当使用 Scale 方法设置坐标刻度时，ScaleMode 属性应为_____。

A）Twip　　　　B）用户自定义刻度　　　C）Pixel　　　　D）Character

（13）直线控件 Line 和形状控件 Shape 不能在_____中绘制简单的线段。

A）窗体　　　　　　　　B）图片框　　　　　　　C）标签　　　　　　　D）框架

（14）下面不是 Windows 程序的常见样式的是_____。

A）对话框　　　　　　　B）单文档　　　　　　　C）多文档　　　　　　D）模板

（15）下列操作中不能向工程中添加窗体的是_____。

A）执行"工程"菜单的"添加窗体"菜单项

B）单击工具栏上的"添加窗体"按钮

C）用鼠标右键单击窗体,在弹出的菜单上选择"添加窗体"菜单项

D）用鼠标右键单击工程资源管理器,在弹出的菜单中选择"添加"菜单项,然后在下一级菜单中选择"添加窗体"菜单项。

（16）如果有一个菜单项,名称为 mnuFile,则在运行时使菜单失效的语句是_____。

A）mnuFile. Visible = True　　　　　　　B）mnuFile. Enabled = True

C）mnuFile. Enabled = False　　　　　　D）mnuFile. Visible = False

（17）下面叙述中错误的是_____。

A）在同一窗体的菜单项中,不允许出现标题相同的菜单项

B）在菜单的标题栏中,"&"所引导的字母指明了访问该菜单项的访问键

C）程序运行过程中,可以重新设置菜单的 Visible 属性

D）弹出式菜单也在菜单编辑器中定义

（18）程序要在单击窗体 Form2 的"退出"按钮后结束,可以在窗体的"退出"按钮的 Click 事件过程中使用的语句为_____。

A）Form2. Hide　　　　B）Hide Form2　　　　C）Form2. Unload　　D）Unload Form2

（19）下列关于 MDI 窗体的叙述正确的是_____。

A）一个应用程序可以用多个 MDI 窗体　　　B）子窗体可以移到 MDI 窗体外

C）不能在 MDI 窗体上放置按钮控件　　　　D）MDI 窗体的子窗体不能有菜单

（20）下列不能打开菜单编辑器的操作是_____。

A）按 Ctrl + E 组合键　　　　　　　　　　B）单击工具栏的"菜单编辑器"按钮

C）执行"工具"菜单的"菜单编辑器"命令　　D）按 Shift + Alt + M 组合键

（21）在菜单过程中使用的事件是利用鼠标_____菜单项来实现的。

A）拖动　　　　　　　　B）双击　　　　　　　　C）单击　　　　　　　D）移动

（22）在窗体上添加了通用对话框控件 CommonDialog1,并运行语句 CommonDialog1. Filter = "文本文件(∗ . txt) | ∗ . txt | Word 文件(∗ . doc) | ∗ . doc",则在对话框的文件列表框中出现的选项个数是_____。

A）1　　　　　　　　　　B）2　　　　　　　　　　C）3　　　　　　　　　D）4

（23）当移动鼠标时,有关 MouseMove 事件的说明中正确的是_____。

A）MouseMove 事件不断发生

B）MouseMove 事件只发生一次

C）MouseMove 事件每个像素都会触发

D）当鼠标指针移动得越快则在两个点之间触发的 MouseMove 事件越多

（24）能够区分开鼠标按钮与 Shift + Ctrl + Alt 组合键的过程是_____。

A）Click　　　　　　　B）DblClick　　　　　　C）Load　　　　　　　D）MouseMove

（25）下面程序：

```
Private Sub Form_KeyUp(KeyCode As Integer,Shift As Integer)
      Print Chr $ (KeyCode +2)
End Sub
```

运行后,如果按下 A 键,则输出结果为_____。

A）A　　　　　　　B）B　　　　　　　C）C　　　　　　　D）D

（26）与键盘操作有关的事件有 KeyPress、KeyUp 和 KeyDown 事件,当用户按下并且释放一个键后,这 3 个事件发生的顺序是_____。

A）KeyDown,KeyPress,KeyUp　　　　　　　B）KeyDown,KeyUp,KeyPress

C）KeyPress,KeyDown,KeyUp　　　　　　　D）没有规律

（27）编写以下事件过程：

```
Private Sub Form_MouseDown(Button As Integer,Shift As Integer,X As Single,Y As Single)
      If Button = 2 Then
            Print "AAAA"
      End if
End Sub
```

程序运行后,为了在窗体中显示"AAAA",应该按下的鼠标键为_____。

A）左　　　　　　　B）右　　　　　　　C）左右键同时　　D）什么键也不按

（28）确定一个窗体或控件的大小的属性是_____。

A）Width,Top　　　B）Width,Heitht　　C）Top,Width　　　D）Top,Left

（29）决定标签内显示内容的属性是_____。

A）Text　　　　　　B）Name　　　　　　C）Alignment　　　D）Caption

（30）设置复选框或单选框标题对齐方式的属性是_____。

A）Align　　　　　　B）Alignment　　　　C）Sorted　　　　　D）Value

（31）为了使标签中的内容居中显示,应把 Alignment 属性设置为_____。

A）0　　　　　　　　B）1　　　　　　　　C）2　　　　　　　　D）3

（32）对窗体编写如下代码：

```
Option Base 1
Private Sub Form_KeyPress(KeyAscii As Integer)
    a = Array(237,126,87,48,498)
    m1 = A (1)
    m2 = 1
    If KeyAscii = 13 Then
       For i = 2 To 5
         If (a(i) > m1) then
             m1 = a(i)
             m2 = i
         End if
       Next i
```

```
                End if
                Print m1
                Print m2
            End Sub
```

程序执行后,按回车键,输出结果为_____。

A) 48
4

B) 237
1

C) 498
5

D) 498
4

2. 填空题

(1) 阅读以下程序:

```
Private Sub Form_Click()
Dim k,n,m As Integer
n = 10
m = 1
k = 1
Do While k < = n
m = m + 2
k = k + 1
Loop
Print m
End Sub
```

单击窗体,程序的执行结果是_____。

(2) 在窗体上画一个名称为 Combo1 的组合框,画两个名称分别 Label1 和 Label2 及 Caption 属性分别为"城市名称"和空白的标签。程序运行后,当在组合框中输入一个新项后按回车键(ASCII 码为 13)时,如果输入的项在组合框的列表中不存在,则自动添加到组合框的列表中,并在 Label2 中给出提示"已成功添加输入项";如果输入项存在,则在 Label2 中给出提示"输入项已在组合框中"。请将程序补充完整。

```
Private Sub Combo1_____(KeyAscii As Integer)
If KeyAscii = 13 Then
For i = 0 To Combo1. ListCount – 1
If Combo1. Text = _____ Then
Label2. Caption = "输入项已在组合框中"
Exit Sub
End If
Next i
Label2. Caption = "已成功添加输入项"
Combo1._____ Combo1. Text
End If
End Sub
```

(3) 阅读以下程序:

```
Option Base 1
Private Sub Form_Click( )
Dim a(3) As Integer
Print "输入的数据是:"
For i = 1 To 3
a(i) = InputBox("输入数据")
Print a(i);
Next
Print
If a(1) < a(2) Then
t = a(1)
a(1) = a(2)
a(2) = _____
End If
If a(2) > a(3) Then
m = a(2)
ElseIf a(1) > a(3) Then
m = _____
Else
m = _____
End If
Print" 中间数是:";m
End Sub
```

程序运行后,单击窗体,在输入对话框中分别输入三个整数,程序将输出三个数中的中间数。请填空。

(4) 在窗体上画两个文本框,其名称分别为 Text1 和 Text2,然后编写如下事件过程:

```
Private Sub Form_Load( )
Show
Text1. Text = " "
Text2. Text = " "
Text2. SetFocus
End Sub
Private Sub Text2_KeyDown( KeyCode As Integer, Shift As Integer)
Text1. Text = Text1. Text + Chr( KeyCode - 4)
End Sub
```

程序运行后,如果在 Text2 文本框中输入"efghi",则 Text1 文本框中的内容为_____。

(5) 读下列程序:

```
Private Sub Form_Click( )
Static x(4) As Integer
```

```
For i = 1 to 4
x( i ) = x( i ) + i * 3
Next i
Print
For i = 1 to 4
print" x( " ; i ; " ) = " ; x( i )
Next i
End Sub
```

该程序在运行了三次后,其运行结果是:_____。

(6) 计时器控件功能通过触发_____事件实现,通过属性_____可以改变其时间间隔,单位为_____。

(7) 在菜单编辑器中建立一个菜单,其主菜单项的名称为 mnuEdit,Visible 属性为 False,程序运行后,如果用鼠标右键单击窗体,则弹出与 mnuEdit 相应的菜单。以下是实现上述功能的程序,请填空。

```
Private Sub Form _____ ( Button As Integer,Shift As Integer,X As Single,Y As Single)
If Button = 2 Then
        _____ mnuEdit
End If
End Sub
```

(8) 为了使计时器控件 Timer1 每隔 0.5 秒触发一次 Timer 事件,应将 Timer1 控件的_____属性设置为_____。

(9) 如果要将某个菜单项设计为不可用,则该菜单项的 Enabled 属性应设置为_____。

(10) 在窗体上画 1 个文本框、1 个标签和 1 个命令按钮,其名称分别为 Text1、Label1 和 Command1,然后编写如下两个事件过程:

```
Private Sub Command1_Click( )
S $ = InputBox( "请输入一个字符串" )
Text1. Text = S $
End Sub
Private Sub Text1_Change( )
Label1. Caption = UCase( Mid( Text1. Text,7 ) )
End Sub
```

程序运行后,单击命令按钮,将显示一个输入对话框,如果在该对话框中输入字符串 "VisualBasic",则在标签中显示的内容是_____。

(11) VB 是面向对象的程序设计语言,构成对象的三要素是_____、_____和_____。

(12) VB 的控件分为_____、_____和可插入对象。

(13) 在 3 种不同风格的组合框中,用户不能输入数据的组合框是_____,通过_____属性设置为_____。

（14）访问键是通过键盘访问控件，访问键的设置是在控件的_____属性中用_____字符加在访问字符的前面，运行时按_____键 + 访问字符。

（15）控件中最适合做标题的控件是_____。

（16）组合框是_____和_____控件的组合。

（17）窗体和控件的 Name 属性只能通过_____设置，不能在_____期间设置。

（18）定时器控件每秒触发一次 Timer 事件，则 Interval 属性设置为_____。

（19）要在文件列表框中显示 bmp 文件，则应通过_____属性设置文件类型。

（20）如果要让文本控件把输入的密码内容显示为"＊"，应设置其_____属性为"＊"。

（21）在菜单编辑器中建立一个菜单名为 menu1，用下面的语句可以把它作为弹出式菜单显示 Form1._____ menu1。

（22）在 VB 中可以建立_____菜单和_____菜单。

（23）窗体上有一个通用对话框控件 CommonDialog1 和一个命令按钮 Command1，当单击按钮时程序的功能是_____。

Private Sub Command1_Click( )

    CommonDialog1. Action = 1

End Sub

（24）创建一个 MDI 窗体，作为其子窗体则_____属性设置为 True。

（25）创建工具栏需要_____控件和_____控件组合。

（26）当单击工具栏的某个按钮时触发_____事件。

（27）如果要将某个菜单项设置为分隔符，则该菜单项的标题应设计为_____。

（28）在执行 KeyPress 事件过程时，KeyAscii 是所按键的_____值，对于有上挡字符和下挡字符的键，当执行 KeyDown 事件过程时，KeyCode 是_____字符的_____值。

（29）在窗体上画一个文本框和一个图片框，然后编写如下两个事件过程：

Private Sub Form_Click( )

Text1. Text = "VB 程序设计"

End Sub

Private Sub Text1_Change( )

Picture1. Print" VBProgramming"

End Sub

程序运行后，单击窗体，在文本框中显示的内容是_____，而在图片框中显示的内容是_____。

（30）设有如下程序

Private Sub Form_Click( )

Dim a As Integer, s As Integer

n = 8

s = 0

Do

s = s + n

```
    n = n - 1
    Loop While n > 0
    Print s
    End Sub
```

以上程序的功能是_____,程序运行后,单击窗体,输出结果为_____。

(31) 窗体上有两个按钮,则执行程序后按键盘 Esc 键的输出结果是_____。

```
    Private Sub Command1_Click( )
        Print"北京";
    End Sub
    Private Sub Command2_Click( )
        Print" 南京";
    End Sub
    Private Sub Form_Load( )
        Command2. Cancel = True
        Command1. Cancel = True
    End Sub
```

(32) 下列事件过程的功能是:通过 Form_Load 事件给数组赋初值为 35、48、15、22、67,Form_Click 事件找出可以被 3 整除的数组元素并打印出来。请在空白处填入适当的内容,将程序补充完整。

```
    Dim Arr( )
    Private Sub Form_Load( )

        _____

    End Sub
    Private Sub Form_Click( )

        _____

            If Int( x/3 ) = x/3 Then
                Print x
            End If
        Next x
    End Sub
```

(33) 在窗体上有1个"背景色变换"按钮和1个"结束"按钮。单击"背景色变换"按钮,背景色变为红色;再单击,背景色变为绿色;再单击,背景色变为蓝色;再单击,背景色变为红色……如此循环。单击"结束"按钮,程序运行结束。请填空。

```
    Private Sub cmdChange_Click( )
        If Mark = 0 Then

            _____

            Mark = 1
        ElseIf _____ Then
            Form1. BackColor = vbGreen
```

```
        Mark = 2
        ElseIf Mark = 2 Then
        Form1. BackColor = vbBlue

        _____
    End If
End Sub
Private Sub cmdExit_Click()
    End
End Sub
```

（34）在窗体上画 1 个文本框,其名称为 Text1,然后编写如下过程:

```
Private Sub Text1_KeyDown( KeyCode As Integer,Shift As Integer)
Print Chr( KeyCode)
End Sub
Private Sub Text1_KeyUp( KeyCode As Integer,Shift As Integer)
Print Chr( KeyCode + 2)
End Sub
```

程序运行后,把焦点移到文本框中,此时如果按 A 键,则输出结果为_____。

3. 实验操作题

（1）在窗体上画 1 个标签显示 welcome,画 3 个单选按钮在框架中,单击分别实现标签文本"靠左"、"居中"和"靠右"。运行界面如图 4 - 8 所示。

图 4 - 8　第 4 章操作题(1)运行界面

（2）在窗体上画 1 个计时器控件和 1 个标签,程序运行后,在标签内显示经过的秒数。运行界面如图 4 - 9 所示。

（3）使用滚动条控件来调整 Image 控件的大小,垂直滚动条用来调整 Image 控件的高度,水平滚动条用来调整宽度。运行界面如图 4 - 10 所示。

（4）在窗体中使用两个列表框显示大学名称,单击按钮将列表项在两个列表框间移动,运行界面如图 4 - 11 所示。

（5）设计 1 个 MDI 应用程序,包括 1 个 MDI 子窗体,MDI 窗体包括 1 个快捷菜单。运行界面如图 4 - 12 所示。

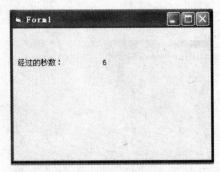

图 4 - 9　第 4 章操作题(2)运行界面

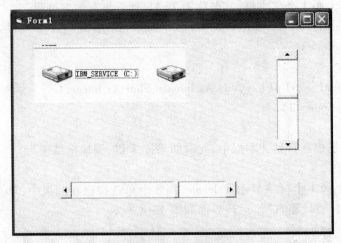

图 4 - 10　第 4 章操作题(3)运行界面

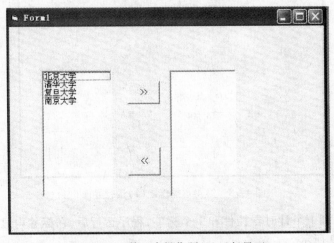

图 4 - 11　第 4 章操作题(4)运行界面

(6) 设计一个汽油计价软件,软件运行界面如图 4 - 13 所示。要求单击"计算"按钮能得到汽油的价格,单击"退出"按钮退出软件。

(7) 创建一个 MDI 窗体,其菜单有两个"打开窗体 1"和"退出",添加一个子窗体,其菜单为"显示红色"和"显示蓝色",当单击"显示红色"菜单时子窗口背景色改为红色,当单击"显示蓝色"菜单时子窗口背景色改为蓝色。运行界面如图 4 - 14 和图 4 - 15 所示。

图 4 – 12　第 4 章操作题(5)运行界面

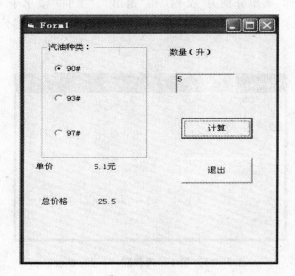

图 4 – 13　第 4 章操作题(6)运行界面

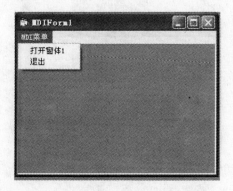

图 4 – 14　第 4 章操作题(7)运行界面之一

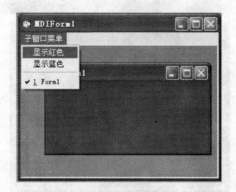

图 4－15   第 4 章操作题(7)运行界面之二

（8）创建一个窗体，菜单分别为"文件"和"退出"，"文件"菜单子菜单为"打开"和"保存"，并设计工具栏显示"打开"和"保存"按钮，添加一个状态栏并显示当前的年份。如图4－16所示。

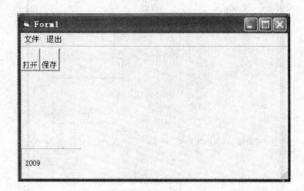

图 4－16   第 4 章操作题(8)运行界面

（9）当鼠标单击窗体时，在鼠标指针处画上一个小圆圈。如图 4－17 所示。

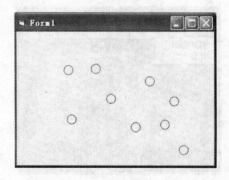

图 4－17   第 4 章操作题(9)运行界面

（10）制作一个学生信息管理软件，界面如图 4－18 所示，当单击"显示"按钮时，把用户的输入在 Text 控件中输出。

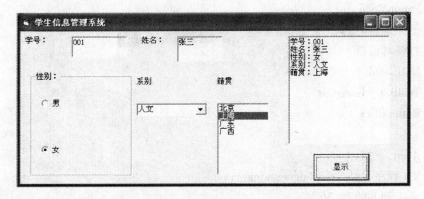

图 4-18   第 4 章操作题(10)运行界面

习题答案

1. 选择题

(1) A　　(2) C　　(3) A　　(4) A　　(5) B　　(6) D　　(7) B　　(8) C　　(9) B

(10) B　　(11) A　　(12) B　　(13) C　　(14) D　　(15) C　　(16) C　　(17) A　　(18) D

(19) C　　(20) D　　(21) C　　(22) C　　(23) A　　(24) D　　(25) C　　(26) C　　(27) B

(28) B　　(29) D　　(30) B　　(31) C　　(32) C

2. 填空题

(1) 21

(2) KeyPress Combo1. List(i), AddItem

(3) t, a(3), a(1)

(4) ABCDE

(5) x(1) = 9, x(2) = 18, x(3) = 27, x(4) = 36

(6) Timer, Interval, 毫秒(或 ms)

(7) MouseUp(或者 MouseDown), PopupMenu

(8) interval, 500

(9) False

(10) BASIC

(11) 属性, 方法, 事件

(12) 内部控件, ActiveX 控件

(13) 下拉列表框, Style, 2

(14) Caption, &, Alt

(15) 标签

(16) 文本框, 列表框

(17) 属性窗口, 运行

(18) 1 000

(19) Pattern

(20) PasswordChar

（21）PopupMenu

（22）下拉式,弹出式

（23）打开对话框

（24）MDIChild

（25）ToolBar   Imagelist

（26）ButtonClick

（27）–

（28）Ascii,下挡,Ascii

（29）VB 程序设计 ,VBProgramming

（30）求 1 到 8 的和,36

（31）北京

（32）Arr = Array（35,48,15,22,67）,For Each x In Arr

（33）Form1. BackColor = vbRed,Mark = 1,Mark = 0

（34）A C

3. 操作题

（1）Private Sub Optionl_Click( )

Label1. Alignment = 0

End Sub

Private Sub Option2_Click( )

Label1. Alignment = 2

End Sub

Private Sub Option3_Click( )

Label1. Alignment = 1

End Sub

（2）关键代码

Private Sub Timer1_Timer( )

Dim i As Integer

i = Val(Label2. Caption)

i = i + 1

Label2. Caption = Str(i)

End Sub

（3）关键代码

Private Sub HScroll1_Change( )

Image1. Width = HScroll1. Value

End Sub

Private Sub VScroll1_Change( )

```
Image1. Height = VScroll1. Value
End Sub
```

（4）关键代码

```
Private Sub Command1_Click( )
Dim s As String
s = List1. List( List1. ListIndex)
List2. AddItem s
List1. RemoveItem List1. ListIndex
End Sub


Private Sub Command2_Click( )
Dim s As String
s = List2. List( List2. ListIndex)
List1. AddItem s
List2. RemoveItem List2. ListIndex
End Sub
```

（5）关键代码

```
Private Sub MDIForm_Load( )
Form1. Show
End Sub


Private Sub Form_MouseUp( Button As Integer,Shift As Integer,X As Single,Y As Single)
If Button = 2 Then
PopupMenu mnuChild
End If
End Sub
```

（6）关键代码

```
Private Sub Command1_Click( )
Dim p As Single
Dim d As Single
Dim s As Single
If Option1. Value = True Then
p = 5. 1
End If
If Option2. Value = True Then
p = 6. 1
End If
If Option3. Value = True Then
p = 7. 1
```

```
End If
d = Val( Text1 . Text)
s = p * d
Label5 . Caption = Str( s)
End Sub


Private Sub Command2_Click( )
Unload Me
End Sub


Private Sub Option1_Click( )
Label3 . Caption = "5. 1 元"
End Sub


Private Sub Option2_Click( )
Label3 . Caption = "6. 1 元"
End Sub


Private Sub Option3_Click( )
Label3 . Caption = "7. 1 元"
End Sub
```

（7）关键代码

```
Private Sub mnuexit_Click( )
Unload Me
End Sub


Private Sub mnuopen_Click( )
Form1 . Show
End Sub
Private Sub mnublue_Click( )
Form1 . BackColor = vbBlue
End Sub


Private Sub mnured_Click( )
Form1 . BackColor = vbRed
End Sub
```

（8）关键代码

```
Private Sub Form_Load( )
StatusBar1 . Panels . Item( 1 ) . Text = Year( DateTime . Now)
```

End Sub

（9）关键代码

Private Sub Form_MouseDown(Button As Integer,Shift As Integer,X As Single,Y As Single)

Circle (X,Y),100,vbRed

End Sub

（10）关键代码

Private Sub Command1_Click()

Dim s As String

s = s + "学号:" + Text1. Text + Chr(13) + Chr(10)

s = s + "姓名:" + Text2. Text + Chr(13) + Chr(10)

If Option1. Value = True Then

    s = s + "性别:男" + Chr(13) + Chr(10)

Else

    s = s + "性别:女" + Chr(13) + Chr(10)

End If

s = s + "系别:" + Combo1. Text + Chr(13) + Chr(10)

s = s + "籍贯:" + List1. Text + Chr(13) + Chr(10)

Text3. Text = s

End Sub

第 5 章

过 程

【学习目的与要求】

1. Sub 过程
(1) Sub 过程的定义。
(2) 调用 Sub 过程。
(3) 通用过程和事件过程。
2. Funtion 过程
(1) Funtion 过程的定义。
(2) 调用 Funtion 过程。
3. 参数传递
(1) 形参与实参。
(2) 传地址(引用)。
(3) 传值。
(4) 数组参数的传送。
4. 可选参数和可变参数
5. 对象参数
(1) 窗体参数。
(2) 控件参数。
6. 变量与过程作用域
7. 静态变量(局部内存分配)

【重难点与习题解析】

1. Sub 过程
Sub 过程一般是指通用的子过程,它可以在程序中调用执行,执行完后无返回值。
(1) Sub 过程的定义
定义 Sub 过程的语句格式如下:
[Static][Public|Private]Sub 子过程名[(参数列表)]

局部变量或常数定义

＜语句块＞

［Exit Sub］

＜语句块＞

End Sub

（2）调用 Sub 过程

定义好一个通用过程以后,还要在应用程序中调用该过程才能进行相应的操作。

调用 Sub 过程有两种方式:一种是使用 Call 语句,一种是把过程名作为一条语句来用。

① 用 Call 语句调用 Sub 过程,形式如下:

Call 过程名（实参列表）

② 把过程名作为一个语句来用,形式如下:

过程名［实参 1［,实参 2,…］］

【题1】 Sub 过程的定义中_____。

A）一定要有虚参　　　　　　　　　B）一定指明是公有的还是静态的

C）一定要有过程的名称　　　　　　D）一定要指明其类型

解析:本题考查的是 sub 过程的概念及其定义格式。

Sub 过程的第一条语句是:［Static］［Public|Private］Sub 子过程名［（参数列表）］,从这条语句的格式可以看出,定义过程是静态、公有还是私有,都用方括号括起来,［形参表］也用方括号括起来,说明它们是可选项;所以选项 A 和选项 B 的说法不对。Sub 过程即子过程不存在类型问题,属性过程也不存在类型问题,只有函数过程才需要定义其类型。所以,答案为 C。

【题2】 在过程调用语句中,被调用的过程一定是 Sub 过程的语句是_____。

A）Call Pro1(a1,b1)　　B）Pro2(a2,b2)　　C）Print Pro3(a3,b3)　　D）x = Pro4(a4,b4)

解析:本题考查过程的调用方法。

选项 A 调用的 Pro1 一定是 Sub 过程,因为函数过程的属性过程都不能用 Call 语句调用。选项 B 调用的 Pro2 可能是 Sub 过程,也可能是函数过程。如果是函数过程,函数的返回值没有被使用(参与计算或输出),因而没有实际意义。选项 C 调用的 Pro3 是函数过程,因为 Print 方法后面应接一个输出内容。选项 D 调用的 Pro4 也是一个函数过程,Sub 过程的调用方法都不是这样的。所以,答案选 A。

【题3】 下面子过程语句合法的是_____。

A）Function Fun%（Fun%）　　　　　B）Sub Fun(m%) As Integer

C）Sub Fun(ByVal m%())　　　　　D）Function Fun(ByVal m%)

解析:过程的定义不能嵌套,子过程定义时不能说明数据类型,数组不能按值传递。所以,答案选 D。

【题4】 假定有如下的 Sub 过程:

Sub s(x As Single,y As Single)

　　t = x

　　x = t/y

```
    v = t Mod y
End Sub
```

在窗体上画一个命令按钮,然后编写如下事件过程:

```
Private Sub Command1_Click( )
    Dim a As Single
    Dim b As Single
    a = 5
    b = 4
    call s(a,b)
    print a,b
End Sub
```

程序运行后,单击命令按钮,输出结果为_____。

A) 5   4   B) 1   1   C) 1.25   4   D) 1.25   1

解析:在本例中,执行调用 Sub 过程的操作,Mod 函数执行取余的操作,题中变量类型为单精度浮点型。像大多数编程语言那样,VB 使用变量来存储值。变量有名字(用来应用该变量所含的值的名词)和数据类型(确定变量可以存储的数据的种类)。VB 支持几种类型占用的存储空间通常要少。所以,答案选 D。

(3) 通用过程与事件过程

[Private|Public] Sub 控件名_事件名(参数表)
        语句组
End Sub

窗体事件过程的一般格式为:

[Private|Public] Sub Form_事件名(参数表)
        语句组
End Sub

通用过程可以放在标准模块中,也可以放在窗体模块中,而事件过程只能放在窗体模块中,不同模块中的过程(包括事件过程和通用过程)可以互相调用。当过程名唯一时,可以直接通过过程名调用;如果两个或两个以上的标准模块中含有相同的过程名,则在调用时必须用模块名限定。

【题 5】 Visual Basic 中包含的 3 种不同模块是_____。

A) 事件模块、窗体模块和标准模块   B) 窗体模块、标准模块和类模块

C) 函数模块、窗体模块和类模块   D) 过程模块、通用模块和函数模块

解析:本题考查的是 Visual Basic 模块的概念及模块的划分。

Visual Basic 的界面是以窗体为基础建立起来的,每个窗体一定对应一个窗体模块。窗体模块中通常包含许多事件过程,事件过程不能单独成为一个模块。标准模块是由一些通用过程组成的模块,通用过程包括 Sub 过程和函数过程,所以 Sub 过程和函数过程不单独划分成过程模块和函数模块。类模块类似于标准模块,但二者有区别,标准模块仅仅含有代码,而类模块既含有代码又含有数据。

答案:B

【题6】　标准模块文件的扩展名是_____。

A）.Frm　　　　　　　B）.Bas　　　　　　C）.Cls　　　　　　D）.Res

解析：本题考查的是 Visual Basic 文件的扩展名。

窗体模块文件的扩展名是.Frm（Form 的缩写）；标准模块文件的扩展名是.Bas（Basic 的缩写）；类模块文件的扩展.Cls（Class 的缩写）；资源文件的扩展名是.Res（Resoure 的缩写）。所以，答案选 B。

2. Function 过程

Sub 过程一般是指通用的子过程，它可以在程序中调用执行，执行完后无返回值。

（1）Function 过程的定义

自定义 Function 过程的语句格式如下：

［Static］［Private|Public］Function 函数名（［参数列表］）［As 数据类型］

　　局部变量和常数声明

　　＜语句块＞

　　函数名 = 返回值

　　［Exit Function］

　　＜语句块＞

　　函数名 = 返回值

End Function

（2）调用 Function 过程

调用 Function 过程的方法与调用 VB 公共函数的方法一样，即在表达式中写出它的名称和相应的实参。Function 过程可返回一个值到调用的过程。其语法格式为：

函数名（实参列表）

说明：

① 调用 Function 过程与调用 Sub 过程不同，必须给参数加上括号，即使调用无参函数，括号也不能省略。

② VB 也允许像调用 Sub 过程那样调用 Function 过程。

【题7】　下列关于函数的说法正确的是_____。

A）定义函数过程时，若没有用 As 子句说明函数的类型，则函数过程与 Sub 过程一样，都是无类型过程

B）在函数体中，如果没有给函数名赋值，则该函数过程没有返回值

C）函数名在过程中只能被赋值一次

D）函数过程是通过函数名带回函数值的

解析：本题考查函数过程不同于 Sub 过程的特点。

函数过程与 Sub 过程有两点不同：一是函数过程需定义过程名的类型，而 Sub 过程则不必；二是函数名要被赋值，而 Sub 不必。

选项 A 错误，函数过程若没有 As 子句说明函数的类型，则函数的类型为 Variant。选项 B 错误，如果没有给函数名赋值，仍然有函数值返回，数值函数返回 0，字符函数返回一个空串。选项 C 错误，函数名在过程中可以被赋值一次，也可以被多次赋值。所以，答案选 D。

【题 8】 下列定义的函数过程正确的是_____。

A）Private Sub Function F1(x,y)

    Dim z As Single

    z = x + y

    F1 = z

End Function

End Sub

B）Private Function F1 (x, y) As Single

Dim x As Single, y As Single

F1 = x + y

End Function

C）Function F1 (x As Single, y As Single)

    F1 = x + y

End Function

D）Function F1(x,y) As Single

    Dim z As Single

    z = x + y

End Function

解析：本题考查函数过程的定义规则。

选项 A 的定义方法错误，关键字 Sub 与 Function 不能同时使用。选项 B 错误，形参 x、y 类型说明必须在 <形参表> 中说明，不能在函数体内用 Dim 语句说明形参的类型。选项 C 正确，函数名没有说明其类型，即为变体类型，可以将表达式直接赋给函数名。选项 D 错误，函数名没有被赋值。虽然函数名没有赋值是允许的，并且有函数值返回，但返回的函数值不是所要计算的值。

3. 参数传递

在 Visual Basic 中，通常将形式参数简称为"形参"，实际参数简称为"实参"或"自变量"。

（1）形参与实参

① 出现在 Sub 过程和 Function 过程的形参表中的变量名、数组名，称为形式参数，过程被调用之前，并未为其分配内存，其作用是说明变量的类型以及在过程中所"扮演"的角色。

② 实参是在调用 Sub 或 Function 过程时，传送给相应过程的变量名、数组名、常数或表达式，它们包含在过程调用的实参表中。在过程调用传递参数时，形参表与实参表中的对应变量名，可以不必相同，因为"形实结合"是按对应"位置"结合而不是按"名字"结合的，即第一个实参与第一个形参结合，第二个实参与第二个形参结合，以此类推。

【题 9】 过程调用时，下列关于形参与实参之间数据传递的原则说法正确的是_____。

A）按实参与形参同名的原则

B）按实参与形参位置对应的原则

C）按实参与形参个数相同且类型也对应的原则

D）按实参与形参不仅位置对应，且类型也要对应的原则

解析：本题考核过程间虚实结合的数据传递方法。

最常用的过程与过程之间数据交换的方法是虚实结合。虚实结合的基本原则是实参与形参的类型、个数和位置要一一对应。通常的程序设计语言都有这个特点。

但是 Visual Basic 扩展了虚实结合的这一功能，有了可选参数和可变参数的概念。可选参数与可变参数打破了形参与实参个数要相同的规定，即实参与形参的个数可以不同。但实参与形参的位置、类型仍要对应。所以，答案选 D。

（2）传地址（引用）

在 VB 中,如果形参名前面没有关键字"ByVal",默认的是按地址传递参数,或者在形参名前面用"ByRef"关键字指定按地址传递参数。所谓按地址传递参数,就是过程所接受的是实参变量(简单变量、数组元素、数组以及记录等)的地址,过程按照变量的内存地址去访问实参变量的内容,由此过程可以改变特定内存单元中的值,这些改变在过程运行完成后依然保持。也就是说,形参和实参共用内存的"同一"地址,即共享同一个存储单元,形参值在过程中一旦被改变,相应的实参值也跟着被改变。

【题 10】 设有子过程 Pro1,有一个形参变量且过程定义语句中没有对形参变量加以说明。下列调用语句中,按传址方式传递数据的语句是_____。

A) Call Pro1(a)   B) Call Pro1(12)   C) Call Pro1(a¦a)   D) Call Pro1(12 + a)

解析:本题考查调用 Sub 过程时如何判断数据传递是传值或传址方式。

调用 Sub 过程时,如果实参是常量或表达式,则虚实结合的数据传递方式是传值;如果实参是变量,且过程定义语句中不对变量加以说明,则虚实结合的数据传递方式是传址。所以,答案选 A。

【题 11】 在窗体上画一个名称为 Command1 的命令按钮,然后编写如下事件过程:

```
Private Sub Command1_Click()
    Sum = 0
    For x = 1 To 5
        Call sub1(x, s)
        Sum = Sum + s
    Next x
    Print Sum
End Sub
Private Sub sub1(y, w)
    w = 1
    For i = 1 To y
        w = w * i
    Next i
End Sub
```

程序运行后,单击命令按钮,则窗体上显示的内容为_____。

A) 5   B) 120   C) 153   D) 160

解析:本题考查的是在窗体中定义的过程被本模块调用的问题以及参数传递的情况。在 VB 中,过程参数的传递方式有两种:按地址传递参数和按值传递参数。默认为按地址传递参数(引用)。本题执行的过程如下:参数 y、w 是 ByRef(引用)的参数,所以在过程 sub1 中改变的值是返回到调用的地方,则 Sum 的结果是 5 次 sub1 计算结果的和。即:Sum = 1! + 2! + 3! + 4! + 5! = 153。所以,答案选 C。

(3) 传值

传值就是通过值传递实参。过程调用时 VB 给按值传递参数在栈中分配一个临时存储单元,将实参变量的值复制到这个临时单元中去。VB 用 ByVal 关键字指出参数是按值传递的。当按值传递参数时,传递的只是实参变量的副本。如果过程改变了这个值,则所做变动只影响副本而不会影响变量本身。换句话说,一旦过程运行结束,控制返回调用程序时,对应的实参变量保持调用前的值不变。

【题 12】 在通用过程中,要定义某一形式参数和它对应的实参是值的传送,在形式参数前要加的关键字是_____。

A) Optional   B) ByVal   C) Missing   D) ParamArray

解析:在通用过程中,形式参数加关键字 ByVal,表示值的传送。所以,答案选 B。

【题 13】 下列过程语句中,一定按传值方式进行数据传递的语句是_____。

A) Sub Pro2(a AsInteger)   B) Sub Pro2(ByRef a As Integer)

C) Sub Pro2(ByVal a As Integer)   D) Sub Pro2(arr( ))

解析:本题考查传址或传值数据传递的定义方法。在过程的定义语句中,形参表中每一个形参的一般形式为:

[ByVal ByRef]变量名[( )][As <数据类型 >]

关键字 ByVal 用来强制说明该参数是传值的数据传递方式;关键字 ByRef 用来强制说明该参数是传址的数据传递方式;若形参是变量名,则可能是传址、也可能是传值的数据传递方式。所以,答案选 C。

(4) 数组参数的传送

在 VB 中允许参数是数组,数组只能通过传址方式进行传递。

除了遵循参数传递的一般规则外,在传递数组时还要注意以下事项:

① 在实参列表和形参列表中放入数组名,忽略维数的定义,但圆括号不能省。

② 如果不需要把整个数组传递给通用过程,可以只传递指定的单个元素,这需要在数组名后面的括号中写上指定的元素下标。

③ 如果被调过程不知道实参数组的上、下界,可用 Lbound 和 Ubound 函数确定实参数组的下界和上界。

【题 14】 阅读程序

```
Sub subP( b(    ) As Integer)
    For i = 1 To 4
        b( i ) = 2 * i
    Next i
End Sub
Private Sub Command1_Click( )
Dim a( 1 To 4 ) As Integer
a( 1 ) = 5: a( 2 ) = 6: a( 3 ) = 7: a( 4 ) = 8
Call subP( a)
For i = 1 To 4
    Print a( i );
Next i
End Sub
```

运行上面的程序,单击按钮 Command 1,输出结果是_____。

A) 2 4 6 8   B) 5 6 7 8   C) 10 12 14 16   D) 出错

解析:本题考查的是数组参数的概念。

在本题中,数组名作为过程的形参和实参,此时参数的传递是地址传递,把数组的起始地址传递给形参数组,从而形参的改变传递给了实参。过程 subP 的作用是将参数数组中的每一个元素重新赋值,从第一个元素开始一次赋值 2,4,6,8,即 2*I,调用 subP 过程,将数组 a 中的元素重新赋值,等到打印时数组 a 中元素值为 2,4,6,8。所以,答案选 A。

4. 可选参数和可变参数

VB 提供了十分灵活和安全的参数传递方式,允许用户使用可选参数和可变参数。在调用一个过程时,可以向过程传递可选参数。

(1) 可选参数

在 VB 中,一个过程中的形参和调用时的实参可以是固定的,但为了某些特殊需要,也可以增加一个或多个参数作为可选参数。

为了定义带可选参数的过程,必须在参数表中使用 Optional 关键字,并在过程体中通过 IsMissing 函数测试调用时是否传递可选参数。Optional 关键字可以和 ByVal 关键字一起使用。

注意:可选参数必须放在参数表的最后,而且必须是 Variant 类型;某个参数被指定为可选参数,则它后面的参数也必须都是可选参数。

(2) 可变参数

一般来说,过程调用中的实参个数应该等于过程定义中的形参个数,但如果用 ParamArray 关键字指明,过程将可以接收任意个数的参数。其语法如下:

Sub 过程名(ParamArray 数组名)

这里需要注意:

① "数组名"是一个形参,只用名字和括号,没有上、下界。

② 由于省略了变量类型,"数组"的类型默认为 Variant,由于可变参数过程中的参数是 Variant类型,所以可以把任何类型的实参传递给该过程。

【题 15】 下列过程定义语句中,形参个数为不确定数量的过程是_____。

A) Private Sub Pro3(x As Double,Y As Single)

B) Private Sub Pro3(Arr(3),Option x,Option Y)

C) Private Sub Pro3(ByRef x,ByVal Y,Arr())

D) Private Sub Pro3(ParamArray Arr())

解析:本题考查可选参数、可变参数的定义方法。

在形参中,As 关键字用于说明变量或数组的类型;Option 关键字用于说明形参是可选的;ByRef 关键字用于说明传址的数据传递方式;Byval 关键字用于说明传值的数据传递方式;ParamArray 关键字用于说明参数的个数是不确定的,即过程可以接受任意个数的参数。所以,答案选 D。

【题 16】 在通用过程中,要定义某参数是可变参数,在形式参数前要加的关键字是_____。

A) Optional　　　B) ByVal　　　C) Missing　　　D) ParamArray

解析:在通用过程中,形式参数加关键字 ParamArray,表示可变参数。所以,答案选 D。

5. 对象参数

VB 还允许对象,即窗体和控件作为通用过程的参数。用对象作为参数与用其他数据类型作为参数的过程没有什么区别。其格式如下:

Sub 过程名(参数列表)

    语句块

    [Exit Sub]

End Sub

"参数列表"中形参的类型通常为 Control 或 Form。在调用含有对象的过程时,对象只能按地址传递,因此在定义过程时,不能在其参数前加 ByVal。

(1)窗体参数

格式:< 窗体变量名 > As Form

说明:

① 形式参数为窗体参数时,在过程定义的括号中要指明窗体类型变量的类型。

② 在过程内部对窗体参数的使用和一般窗体对象的使用相同。

③ 在调用该过程的语句中,实际参数也要是对应的窗体变量。

(2)控件参数

格式:[If | ElseIf] TypeOf 控件名称 Is 控件类型

说明:

① 控件的形式参数的类型应该定义为 Control 类型。

② 不同控件,其属性和方法各不相同,所以,实参和形参最好为同一控件,才能正确传递并进行正确的操作。

【题 17】 下列过程定义语句中,参数不是对象的语句是_____。

A) Sub Pro4(x As Form)

B) Sub Pro4(y As Control)

C) Sub Pro4(Form1 As Form,Label1 As Control)

D) Sub Pro4(x As Currency)

解析:本题考查对象参数的概念。

在形参表中,As 关键字用于定义形参的类型:As Form 定义形参为窗体类型;As Control 定义形参为控件类型;As Currency 定义形参为货币类型。所以,答案选 D。

6. 变量与过程作用域

作用域指变量或过程有效的范围。作用域可以定义为局部的(私有的)或全局的(公有的)作用域。

根据定义变量的位置和定义的语句不同,在 VB 中变量可以分为过程级变量(局部变量)、窗体/模块级变量和全局变量;过程作用域分为窗体/模块级和全局级。

【题 18】 若定义 Sub 过程时没有使用 Private、Public、Stalic 关键字,则所定义的过程是

_____。

A) 公有的   B) 私有的   C) 静态的   D) 以上三项都不对

解析:本题考查子过程的有效范围,即过程作用域。

每个过程都有其作用域。全局过程可以在程序的任何地方调用它;而局部过程只能在该过程所在的模块内调用它。Private 关键字定义局部过程,Public 关键字定义全局过程。定义过程时默认说明过程有效范围关键字隐含为全局过程。

答案:A

【题 19】 以下叙述中错误的是_____。

A) 一个工程中可以包含多个窗体文件

B) 在一个窗体文件用 Private 定义的通用过程可以被其他窗体调用

C) 在设计 VB 程序时,窗体、标准模块、类模块等需要分别保存为不同类型的磁盘文件

D) 全局变量必须在标准模块中进行定义

解析:本题考查的是在窗体中定义的过程的作用域问题(被调用)。

在窗体文件中用 Private 定义的通用过程是私有过程,只能被本模块中的其他过程访问,不能被其他模块中的过程访问。在窗体模块中,可以调用标准模块中的过程,也可以调用其他窗体模块中的过程,被调用的过程必须用 Public 定义为公用过程。所以,答案选 B。

7. 静态变量

有时候,在过程结束时,可能不希望失去保存在局部变量中的值。如果把变量声明为全局变量或模块级变量,则可解决这个问题。但如果声明的变量只在一个过程中使用,则这种方法并不好。为此,VisualBasic 提供了一个 Static 语句,其格式如下:

Static 变量表

其中"变量表"的格式如下:

变量[()][As 类型][,变量[()][As 类型]]…

【题 20】 阅读以下程序:

```
Function F( a As Integer)
    Static c
    b = b + 1
    c = c + 1
    F = a + b + c
End Function
Private Sub Command1_Click( )
    Dim a As Integer
    a = 2
    For i = 1 To 3
        Print F(a);
    Next i
End Sub
```

运行上面的程序,单击命令按钮,输出结果为_____。

A) 4 4 4　　　　B) 4 5 6　　　　C) 4 6 8　　　　D) 4 7 9

解析:本题考查的是静态变量的概念。

　　c 是 Static 变量,Static 类型的变量能够保存上一次运算的结果,而普通变量没有此性质。每次调用 F 函数,c 的值都要增加 1,而函数 F 内部的变量,每次调用都会重新赋值。

　　答案:B

【实验练习与分析】

【题 21】　如图 5-1 所示,设计程序,其作用是根据姓名查电话号码。输入姓名后,单击"确定"或按回车键,使姓名与内部存储的一批姓名核对,若存在,则显示"欢迎查询"并使窗体只显示标签,且文字为姓名和对应的电话号码。最多允许输入 3 遍。

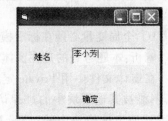

图 5-1　第5章题21运行界面

　　解析:

　　● 窗体加载时,存储一批姓名和电话号码等。

　　● 自定义函数过程,用于判断某人是否存在。若存在则返回下标位置,否则返回 -1。

　　● 单击"确定"按钮,核对姓名,显示提示信息。

　　① 设计一个窗体,其中放置若干对象,对象及属性对应表如表 5-1 所示。

表 5-1　对象及属性设置表

对象	控件名称	属性名称	属性值
Form	Form	Caption	
Label	Label1	Caption	姓名
Text	Text1	Text	空
Command	Command1	Caption	确定

　　② 程序代码设计如下:

```
Option Explicit
Dim sName,Phone                    '声明 sName,Phone 为模块级 Variant 类型变量
Private Sub Command1_Click( )
    Static N As Integer            '声明 N 为静态整型变量
    Dim t As Integer
    t = CheckName( Text1. Text)
    If t < > -1 Then   '以 Text1. Text 为参数,调用通过函数过程 CheckBook
        MsgBox "欢迎查询!",,"提示"
        Text1. Visible = False
        Command1. Visible = False
        Label1. Caption = "姓名:" & Text1. Text & Chr(13) & "电话:" & Phone(t)
        Label1. Left = ( Form1. ScaleWidth - Label1. Width) / 2        '让标签位于中间
```

```
    Else
      N = N + 1                    '核对次数加 1
      If N < 3 Then
        MsgBox "你输错了,这是第" & Str(N) & "次错,请重输!",,"提示"
        Text1. Text = " "
        Text1. SetFocus
      Else
        MsgBox "你已经输错 3 次了! 再见!",,"提示"
        End
      End If
    End If
End Sub
Private Sub Form_Load( )
    Label1. AutoSize = True
    '初始化数组
    sName = Array("张小红","李小芳","王小华","王力","李季","黄大海")
    Phone = Array(8820123,8882011,7812321,2444522,1243211,3434555)
End Sub
Function CheckName( Na As String) As Integer      '自定义函数过程,返回找到的位置
    Dim I As Integer
    CheckName = -1
    For I  = Lbound(sName) To Ubound(sName)          '顺序查找法
      If sName(i) = Na Then CheckName = i:Exit For
    Next i
End Function
Private Sub Text1_KeyPress(KeyAscii As Integer)
    If KeyAscii = 13 Then Command1_Click          '遇回车时,调用事件过程 Command1_Click
End Sub
```

【题 22】 如图 5 - 2 所示,设计程序完成如下功能:

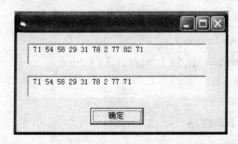

图 5 - 2　第 5 章题 22 运行界面

随机生成一个有 n 个元素的数组（n 由 InputBox 函数输入），找出其中的最大元素并将它删除，再输出删除后的数组。

解析：

- 自定义 Sub 过程，用于找出数组中的最大元素。
- 自定义 Sub 过程，用于删除数组中某元素。

① 设计一个窗体，其中放置若干对象，对象及属性对应表如表 5 - 2 所示。

表 5 - 2　对象及属性设置表

对象	控件名称	属性名称	属性值
Form	Form	Caption	
Text	Text1	Text	空
Text	Text2	Text	空
Command	Command1	Caption	确定

② 程序代码设计如下：

```
Option Explicit
Option Base 1
Dim a( ) As Integer,n As Integer
Private Sub Command1_Click( )
    Dim i As Integer
    n = InputBox("请输入数组个数",,10)
    ReDim a(n)
    For i = 1 To n
        a(i) = Int(Rnd * 100) + 1
        Text1 = Text1 & Str(a(i))
    Next i
    Call Max(a)
    For i = 1 To n - 1       'err  n
        Text2 = Text2 & Str(a(i))
    Next i
End Sub
Private Sub Max(a( ) As Integer)
    Dim Maxv As Integer,maxp As Integer,i As Integer
    Maxv = a(1) :maxp = 1
    For i = 2 To n
            If a(i) > Maxv Then
                    Maxv = a(i)
                    maxp = i
            End If
```

```
        Next i
        Call Movemax(a,maxp)
    End Sub
    Private Sub Movemax(a( ) As Integer,k As Integer)
        Dim i As Integer
        For i = k + 1 To UBound(a)
            a(i - 1) = a(i)
        Next i
        ReDim Preserve a(UBound(a) - 1)
    End Sub
```

【题23】　如图5-3所示,设计程序完成如下功能:

查找80~150范围内的特殊十进制数据,其特点是该十进制数对应的8进制数为回文
数(指从左向右读与从右向左读一样的数)。例如十进制
数据105,其对应八进制数为151,属于回文数。所以105
就是符合要求的数。

解析:

● 自定义Sub过程,用于判断某数的8进制数是否
是回文数。

(1) 设计一个窗体,其中放置若干对象,对象及属性
对应表如表5-3所示。

图5-3　第5章题23运行界面

表5-3　对象及属性设置表

对象	控件名称	属性名称	属性值
Form	Form	Caption	
List	List1	list	空
Command	Command1	Caption	查找

(2) 程序代码设计如下:

```
Option Explicit
Private Sub Command1_Click( )
    Dim i As Integer,hw As String,fg As Boolean
    Dim st As String
    For i = 80 To 150
        fg = False
        Call hw8(i,hw,fg)
        If fg Then
            st = CStr(i) & " = = >" & hw & "&O"
            List1. AddItem st
        End If
```

```
        Next i
End Sub
Private Sub hw8(ByVal n As Integer,hw As String,f As Boolean)
    Dim k As Integer,st( ) As String * 1,i As Integer
    hw = " "
    Do
        k = k + 1
        ReDim Preserve st(k)
        st(k) = n Mod 8
        hw = st(k) & hw
        n = n \ 8
    Loop Until n < = 0
    For i = 1 To UBound(st) / 2
        If st(i) < > st(UBound(st) - i + 1) Then Exit Sub
    Next i
    f = True
End Sub
```

【题24】 如图 5 - 4 所示,设计程序完成如下功能:

找出 1 300 ~ 1 500 的 4 位数中符合以下条件的数:设 4 位整数各位数字分别为 a、b、c、d,要求 a + b = c + d。

解析:

● 自定义函数过程,用于求各位数的和。

● 自定义 Sub 过程,用于判断 4 位数前半部分和后半部分各位数字的和是否相等。

（1）设计一个窗体,其中放置若干对象,对象及属性对应表如表 5 - 4 所示。

图 5 - 4 第 5 章题 24 运行界面

表 5 - 4 对象及属性设置表

对象	控件名称	属性名称	属性值
Form	Form	Caption	
List	List1	list	空
Command	Command1	Caption	查找

（2）程序代码设计如下:

```
Option Explicit
Private Sub Command1_Click( )
    Dim ts(2) As Integer
    Dim i As Integer,j As Integer,f As Boolean,st As String
    For i = 1300 To 1500
            f = False
```

```
        Call sub1(i,f,ts)
        If f Then
            st = i & "    "
            For j = 1 To 2
                st = st & ts(j) & " "
            Next j
            List1. AddItem st
        End If
        st = " "
    Next i
End Sub
Private Sub sub1(n As Integer,f As Boolean,ts( ) As Integer)
    ts(1) = n \ 100:ts(2) = n Mod 100
    If sum(ts(1)) = sum(ts(2)) Then f = True
End Sub
Private Function sum(ByVal a As Integer)
    Dim k As Integer
    Do
        k = a Mod 10
        sum = sum + k
        a = a \ 10
        Loop Until a < = 0
End Function
```

【题 25】　如图 5 - 5 所示,设计程序完成如下功能:将文本框中输入的以逗号分隔的若干数据存入一个数组;如果相邻数据的和为素数,则将其输出到列表框中。

解析:

● 自定义函数过程,用于素数的判断。

● 自定义 Sub 过程,用于将以逗号分隔的若干数据存入数组。

① 设计一个窗体,其中放置若干对象,对象及属性对应表如表 5 - 5 所示。

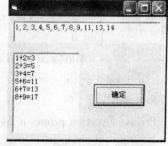

图 5 - 5　第 5 章题 25 运行界面

表 5 - 5　对象及属性设置表

对象	控件名称	属性名称	属性值
Form	Form	Caption	
Text	Text1	Text	空
List	List1	list	空
Command	Command1	Caption	确定

② 程序代码设计如下:

```
Option Explicit
Private Sub Command1_Click( )
    Dim a( ) As Integer,i As Integer
    Dim k As Integer,s As String,st As String
    s = Text1
    Call change(s,a)
    For i = 1 To UBound(a) - 1      'err UBound(a)
        k = a(i) + a(i + 1)
        If prime(k) Then
            st = a(i) & " + " & a(i + 1) & " = " & k
            List1. AddItem st
        End If
    Next i
End Sub
Private Sub change(s As String,a( ) As Integer)
    Dim k As Integer,n As Integer
    Do
        n = InStr(s,",")
        k = k + 1
        ReDim Preserve a(k)
        If n < >0 Then
            a(k) = Val(Left(s,n - 1))
        Else
            a(k) = Val(s)
        End If
        s = Mid(s,n + 1,Len(s) - n)
    Loop Until n < =0
End Sub
Private Function prime(n As Integer) As Boolean
    Dim i As Integer
    For i = 2 To Sqr(n)
        If n Mod i = 0 Then Exit Function
    Next i
    prime = True
End Function
```

【题 26】　如图 5 - 6 所示,设计程序完成如下功能:找出
100 以内有三个不同质因子的所有整数。

图 5 - 6　第 5 章题 26 运行界面

解析：

● 自定义 Sub 过程，用于求出某数的质因子并将其存放在数组中。

（1）设计一个窗体，其中放置若干对象，对象及属性对应表如表 5 - 6 所示。

表 5 - 6　对象及属性设置表

对象	控件名称	属性名称	属性值
Form	Form	Caption	
List	List1	list	空
Command	Command1	Caption	查找

（2）程序代码设计如下：

```
Option Explicit
Option Base 1
Private Sub Command1_Click( )
    Dim i As Integer, j As Integer, a( ) As Integer, s As String
    For i = 2 To 100
        Call zys(i, a)
        If UBound(a) = 3 Then
            s = i & "的质因子:"
            For j = 1 To UBound(a)
                s = s & Str(a(j))
            Next j
            List1. AddItem s
        End If
    Next i
End Sub
Private Sub zys( ByVal x As Integer, a( ) As Integer)
    Dim i As Integer, j As Integer
    j = 2
    Do
        If x Mod j = 0 Then
            i = i + 1
            ReDim Preserve a(i)
            a(i) = j
            x = x \ j
            Do While x Mod j = 0
                x = x \ j
            Loop
        Else
```

$$j = j + 1$$

　　　　　　End If

　　　　Loop Until x = 1

　　End Sub

【精选习题与答案】

1. 选择题

（1）不能脱离控件（包括客体）而独立存在的过程是_____。

A）事件过程　　　　B）通用过程　　　　C）Sub 过程　　　　D）函数过程

（2）通用过程可以通过执行"工具"菜单中的_____。

A）添加过程　　　　B）通用过程　　　　C）添加窗体　　　　D）添加模块

（3）Sub 过程的定义中_____。

A）一定要有形参　　　　　　　　　　　B）一定指明是公有的还是静态的

C）一定要有过程的名称　　　　　　　　D）一定要指明其类型

（4）下列关于函数的说法正确的是_____。

A）定义函数过程时,若没用 As 子句说明函数的类型,则函数过程与 Sub 过程一样,都是无类型过程

B）在函数体中,如果没有给函数名赋值,则该函数过程没有返回值

C）函数名在过程中只能被赋值一次

D）函数过程是通过函数名带回函数值的

（5）下面关于退出 Sub 和 Function 过程中,说法正确的是_____。

A）过程的最后一条语句是 End Sub（或 End Function）,因而一定要执行到 End sub（或 End Function）才会结束过程的执行

B）一个过程可以没有 Exit Sub（或 Exit Function）语句,如果有则只能有一条

C）一个过程既可以通过 Exit Sub（或 Exit Function）语句结束过程的执行,也可以通过 End sub（或 End Function）结束过程的执行

D）可以用 GoTo 语句来退出 Sub 过程

（6）以下关于过程及过程参数的描述中,错误的是_____。

A）过程的参数可以是控件名称

B）用数组作为过程的参数时,使用的是"传地址"方式

C）只有函数过程能够将过程中处理的信息传回到调用的程序中

D）窗体可以作为过程的参数

（7）过程调用中,下列关于形参与实参之间数据传递的原则说法正确的_____。

A）按实参与形参同名的原则

B）按实参与形参位置对应的原则

C）按实参与形参个数相同且类型也对应的原则

D）按实参与形参不仅位置对应,且类型也要对应的原则

（8）下面关于过程参数的说法,错误的是 _____。

A）过程的形参不可以是定长字符串类型

B）形参是定长字符串的数组,则对应的实参必须是定长字符串型数组,且长度相同

C）若形参是按地址传递的参数,形参和实参也能以按值传递方式进行形实结合

D）按值传递参数,形参和实参的类型可以不同,只要相容即可

（9）若定义 Sub 过程时没有使用 Private、Public、Static 关键字,则所定义的过程是

_____。

A）公有的   B）私有的   C）静态的   D）以上三项都不对

（10）下列过程定义语句中,参数不是对象的语句是_____。

A）Sub Pro4(x As Form)

B）Sub Pro4(y As Control)

C）Sub Pro4(Form1 As Form,Label1 As Control)

D）Sub Pro4(x As Currency)

（11）已知有下面过程:

Private Sub proc1(a As Integer,b As String,Optional x As Boolean)

…

End Sub

正确调用此过程的语句是_____。

A）Call proc1(5)   B）Call proc1 5,"abc",False

C）proc1(12,"abc",True)   D）proc1 5,"abc"

（12）下列程序输出结果为_____。

```
Private Sub Command1_Click()
  a% = 10
  b% = 5
  Change a,b
 Print a,b
End Sub
Private Sub Change( ByVal a As Integer,b As Integer)
  tmp = a
  a = b
  b = tmp
End Sub
```

A）5   5   B）10   10   C）10   5   D）5   10

（13）下述程序的运行结果是_____。

```
Private Sub Command1_Click()
    a = 1.5
    b = 1.5
    Call fun(a,b)
    Print a,b
End Sub
```

```
Private Sub fun(x,y)
    x = y * y
    y = y + x
End Sub
```

A) 2.25　3.75　　　　　B) 1.5　2.25　　　　C) 1.5　0.75　　　　D) 0.75　1.5

（14）下述程序的运行结果是_____。

```
Private Sub Command1_Click()
Dim a As Integer,b As Integer
    a = 5
    b = 5
    Value 8,b
End Sub
Sub Value(a As Integer,b As Integer)
    calc1 a,b
    calc2 a,b
    Print a
    Print b
End Sub
Private Sub calc1(a As Integer,b As Integer)
    a = a + b
End Sub
Private Sub calc2(a As Integer,b As Integer)
    b = a * b
End Sub
```

A) 13　66　　　　　　B) 13　65　　　　　C) 14　65　　　　　D) 14　66

（15）下列程序运行后，输出的结果是_____。

```
Private Sub Command1_Click()
    Sum = 0
    For k = 3 To 5
    Call Multi(k,s)
    Sum = Sum + s
    Next k
    Print Sum
End Sub
Private Sub Multi(k,s)
    s = 1
    For j = 1 To k
    s = s * j
    Next j
```

　　End Sub

A）9　　　　　　　　　　B）120　　　　　　　　C）150　　　　　　　D）30

（16）下面关于过程参数的说法,错误的是 _____。

A）过程的形参不可以是定长字符串类型

B）形参是定长字符串的数组,则对应的实参必须是定长字符串型数组,且长度相同

C）若形参是按地址传递的参数,形参和实参也能以按值传递方式进行实形结合

D）按值传递参数,形参和实参的类型可以不同,只要相容即可

（17）程序中有两个过程 Private Sub Fun1(S As String)和 Private Sub Fun2(a( ) As String *6),在调用过程中用 Dim　St(6)　As　String*6 定义了一个字符串数组。下面调用语句中正确的是_____。

　① Call Fun1(St(3))　　② Call Fun2(St)　　　③ Call Fun1(St)　　　④ Call Fun2(St(6))

A）①②　　　　　　　　　B）①③　　　　　　　　C）②③　　　　　　　D）②④

（18）下面 Sub 子过程的各个语句中,正确的是_____。

a. Private Sub Sub1(A( ) As string)

b. Private Sub Sub1(A(1 to 10) As string*8)

c. Private Sub Sub1(S As string)

d. Private Sub Sub1(s As string*8)

A）abcd　　　　　　　　　B）abc　　　　　　　　C）acd　　　　　　　　D）ac

（19）以下有关过程的说法中,错误的是_____。

A）在 Sub 或 Function 过程中不能再定义其他 Sub 或 Function 过程

B）调用过程时,形参为数组的参数对应的实参,既可以是固定大小数组也可以是动态数组

C）过程的形式参数不能再在过程中用 Dim 语句进行说明

D）使用 ByRef 说明的形式参数值形实结合时,总是按地址传递方式进行结合的

（20）下面关于对象作用域的说法中,正确的是_____。

A）在窗体模块中定义的全局过程,在整个程序中都可以调用它

B）分配给已打开文件的文件号,仅在打开该文件的过程范围内有效

C）过程运行结束后,过程的静态变量的值仍然保留,所以静态变量作用域是整个模块

D）在标准模块中定义的全局变量的作用域比在窗体模块中定义的全局变量的作用域大

（21）以下对数组参数的说明中,错误的是_____。

A）在过程中可以用 Dim 语句对形参数组进行声明

B）形参数组只能按地址传递

C）实参为动态数组时,可用 ReDim 语句改变对应形参数组的维界

D）只需把要传递的数组名作为实参,即可调用过程

（22）为达到把 a、b 中的值交换后输出的目的,某人编程如下:

```
Private Sub Command1_Click( )
    a% =10:b% =20
    Call swap(a,b)
    Print a,b
```

```
End Sub
Private Sub swap( ByVal a As Integer, ByVal b As Integer)
    c = a:a = b:b = c
End Sub
```

在运行时发现输出结果错了,需要修改。下面列出的错误原因和修改方案中正确的是_____。

A) 调用 swap 过程的语句错误,应改为 Call swap a,b

B) 输出语句错误,应改为:Print" a" ," b"

C) 过程的形式参数有错,应改为:swap(ByRef a As Integer, ByRef b As Integer)

D) swap 中 3 条赋值语句的顺序是错误的,应改为 a = b:b = c:c = a

(23) 有如下函数:

```
Function fun( a As Integer, n As Integer) As Integer
    Dim m As Integer
    While a > = n
        a = a - n
        m = m + 1
    Wend
    fun = m
End Function
```

该函数的返回值是_____。

A) a 乘以 n 的乘积

B) a 加 n 的和

C) a 减 n 的差

D) a 除以 n 的商(不含小数部分)

(24) 下面程序的输出结果是_____。

```
Private Sub Command1_Click( )
    ch $ = " ABCDEF"
    proc ch
    Print ch
End Sub
Private Sub proc( ch As String)
    s = " "
    For k = Len( ch) To 1 Step - 1
        s = s & Mid( ch, k, 1)
    Next k
    ch = s
End Sub
```

A) ABCDEF   B) FEDCBA   C) A   D) F

(25) 某人编写了一个能够返回数组 a 中 10 个数中最大数的函数过程,代码如下:

```
Function MaxValue( a( ) As Integer) As Integer
    Dim max%
```

```
        max = 1
        For k = 2 To 10
            If a( k ) > a( max ) Then
                max = k
            End If
        Next k
        MaxValue = max
    End Function
```

程序运行时,发现函数过程的返回值是错的,需要修改,下面的修改方案中正确的是_____。

A）语句 max = 1 应改为 max = a(1)

B）语句 For k = 2 To 10 应改为 For k = 1 To 10

C）If 语句中的条件 a(k) > a(max)应改为 a(k) > max

D）语句 MaxValue = max 应改为 MaxValue = a(max)

（26）以下关于过程的叙述中,错误的是。

A）事件过程是由某个事件触发而执行的过程

B）函数过程的返回值可以有多个

C）可以在事件过程中调用通用过程

D）不能在事件过程中定义函数过程

（27）窗体上有名称分别为 Text1、Text2 的 2 个文本框,要求文本框 Text1 中输入的数据小于 500,文本框 Text2 中输入的数据小于 1 000,否则重新输入。为了实现上述功能,在以下程序中问号(?)处应填入的内容是_____。

```
Private Sub Text1_LostFocus( )
    Call CheckInput( Text1 ,500)
End Sub
Private Sub Text2_LostFocus( )
    Call CheckInput( Text2 ,1000)
End Sub
Sub CheckInput( t As ? ,x As Integer)
    If Val( t. Text) > x Then
        MsgBox "请重新输入!"
    End If
End Sub
```

A）Text　　　　　　　　B）SelText　　　　C）Control　　　　D）Form

（28）以下叙述中错误的是_____。

A）用 Shell 函数可以执行扩展名为 . exe 的应用程序

B）若用 Static 定义通用过程,则该过程中的局部变量都被默认为 Static 类型

C）Static 类型的变量可以在标准模块的声明部分定义

D）全局变量必须在标准模块中用 Public 或 Global 声明

（29）以下关于函数过程的叙述中,正确的是_____。

A）如果不指明函数过程参数的类型,则该参数没有数据类型

B）函数过程的返回值可以有多个

C）当数组作为函数过程的参数时,既能以传值方式传递,也能以引用方式传递

D）函数过程形参的类型与函数返回值的类型没有关系

2. 填空题

（1）单击命令按钮 Command1 后,下列程序代码的执行结果是_____。

```
Private Sub Command1_Click( )
    Dim a As Integer,b As Integer
    a = 12:b = 34
    Call ff(a,b)
    Print a;b
End Sub
Private Sub ff( x As Integer,y As Integer)
    x = x Mod 10
    y = y \ 10
End Sub
```

（2）单击命令按钮 Command1 后,下列程序代码的执行结果为_____。

```
Private Sub Command1_Click( )
    Print Test(0);
    Print Test(4);
    Print Test(6);
    Print Test(8)
End Sub
Private Function Test( ByVal i As Integer) As Integer
    s = 0
    For j = 1 To i
        If i < 5 Then Test = i:Exit Function
        s = s + j
    Next j
    Test = s
End Function
```

（3）单击命令按钮 Command1 后,下列程序代码的执行结果是_____。

```
Function M( X As Integer,y As Integer) As Integer
    M = IIf( X > y,X,y)
End Function
Private Sub Command1_Click( )
    Dim a As Integer,b As Integer
    a = 100
```

```
    b = 200
    Print M(a,b)
  End Sub
```

（4）执行下面的程序,单击按钮 Command1,在窗体上显示_____。

```
Private Sub Command1_Click()
  a = 1 : b = 2 : c = 3
  Call test(a,b + 3,(c))
  Print "main:";a;b;c
End Sub
Private Function test(p,m,n)
  p = p + 1 : m = m + 1 : n = n + 1
  Print "Sub:";p;m;n;
End Function
```

（5）执行下面的程序,单击命令按钮 Command1,在窗体上显示的第 1 行是_____,第 2 行是_____,第 3 行是_____。

```
Option Explicit
Private Sub Command1_Click()
  Dim x As Single,i As Integer
  x = 1.2
  For i = 1 To 3
    x = x * i
    Print fun1(x)
  Next i
End Sub
Private Function fun1(x As Single) As Single
  Static y As Single
  y = y + x
  fun1 = y / 2
End Function
```

（6）执行下面的程序,单击命令按钮 Command1,窗体上显示的结果中 i 的值是_____,j 的值是_____,k 的值是_____。

```
Option Explicit
Private Sub Command1_Click()
  Dim i As Integer,j As Integer
  Dim k As Integer
  i = 1 : j = 2
  k = fun(i,fun(i,j)) + i + j
  Print "i = ";i;"j = ";j;"k = ";k
End Sub
```

```
Function fun( a As Integer,ByVal b As Integer) As Integer
    a = a + b
    b = a + b
    fun = a + b
End Function
```

（7）运行下面的程序,当单击命令按钮 Command1 时,窗体上显示的第 1 行内容是_____,第 3 行内容是_____,第 4 行内容是_____。

```
Private Sub Command1_Click( )
    Print Test(3)
End Sub
Private Function Test( t As Integer) As Integer
    Dim i As Integer
    If t > = 1 Then
      Call Test( t - 1)
      For i = 3 To t Step - 1
        Print Chr( Asc( "A" ) + i) ;
      Next i
      Print
    End If
    Test = t
End Function
```

（8）执行下面的程序,在文本框 Text1 中输入数据 15768 后单击命令按钮 Command1,窗体上显示的第 1 行是_____,第 2 行是_____,第 3 行是_____。

```
Option Explicit
Private Function pf( x As Integer) As Integer
    If x < 100 Then
        pf = x Mod 10
    Else
        pf = pf( x \ 100) * 10 + x Mod 10
        Print pf
    End If
End Function
Private Sub Command1_click( )
    Dim x As Integer
    x = Text1
    Print pf( x)
End Sub
```

（9）在窗体上画 1 个名称为 Command1 的命令按钮和 2 个名称分别为 Text1、Text2 的文本框,然后编写如下程序:

```
Function Fun(x As Integer, ByVal y As Integer) As Integer
    x = x + y
    If x < 0 Then
        Fun = x
    Else
        Fun = y
    End If
End Function
Private Sub Command1_Click()
    Dim a As Integer, b As Integer
    a = -10 : b = 5
    Text1. Text = Fun(a, b)
    Text2. Text = Fun(a, b)
End Sub
```

程序运行后,单击命令按钮,Text1 和 Text2 文本框显示的内容分别是_____和

_____。

(10) 在 n 个运动员中选出任意 r 个人参加比赛,有很多种不同的选法,选法的个数可以用公式 $\dfrac{n!}{(n-r)! \; r!}$ 计算。窗体中 3 个文本框的名称依次是 Text1、Text2、Text3。程序运行时在 Text1、Text2 中分别输入 n 和 r 的值,单击 Command1 按钮即可求出选法的个数,并显示在 Text3 文本框中,程序界面参见图 5 - 7。请填空。

图 5 - 7 第 5 章习题填空题(10)运行界面

```
Private Sub Command1_Click()
    Dim r As Integer, n As Integer
    n = Text1
    r = Text2
    Text3 = fun(n) \fun(_____ \ fun(r)
End Sub
Function fun(n As Integer) As Long
    Dim t As Long
    _____
    For k = 1 To n
        t = t * k
```

```
        Next
    fun = t
End Function
```

（11）本程序的功能是从给定的纯英文字符串中找出最长的一个按字母顺序排列的子串。程序界面参见图5－8。

图 5 - 8   第 5 章习题填空题
(11)运行界面

```
Option Explicit
Private Sub Command1_Click(    )
    Dim st As String
    st = Text1
    Text2 = max_st(st)
End Sub
Private Function max_st(st As String) As String
    Dim i As Integer,sta As String
    Dim p As String
    p = Mid(st,1,1)
    For i = 1 To Len(st) - 1
        If Asc(Mid(st,i+1,1)) - Asc(Mid(st,i,1)) = 1 Then

            _____

        Else
            If Len(p) > 1 And Len(p) > Len(sta) Then
                sta = _____
            End If

            _____

        End If
    Next i
    If Len(p) > 1 And Len(p) > Len(sta) Then

        _____

    Else
        max_st = sta
    End If
End Function
```

（12）下面程序的功能是找出由2个不同的数字组成的回文平方数。程序界面参见图5－9。

图 5 - 9   第 5 章习题填空题
(12)运行界面

```
Option Explicit
Private Sub Command1_Click(    )
    Dim a(0 To 9) As Integer,i As Long,flg As Boolean
    Dim l As Long,j As Integer,sum As Integer
    For i = 10 To 1000
        l = i * i
```

```
                  Call _____
            If flg Then
               For j = 0 To 9
                  sum = sum + a(j)
               Next j
               If sum = 2 Then
                  List1. AddItem CStr(i) & "^2 = " & Str(l)
               End If
            End If
            sum = 0
         Next i
      End Sub
      Private Sub sub1(x As Long,a( ) As Integer,bl As Boolean)
         Dim n As Integer,idx As Integer,i As Integer
         bl = False
         n = Len(CStr(x))
         For i = 1 To n / 2
            If _____ Then
               Exit Sub
            End If
         Next i
         bl = True
         For i = 1 To n
            idx = x Mod 10
            _____
            x = (x \ 10)
         Next i
      End Sub
```

3. 实验操作题

(1) 编写程序,随机生成一个 n 行(n 由 InputBox 函数输入,缺省值为 10)2 列的两位整数数组。将第 1 列元素作为排序主关键字,第 2 列元素作为排序次关键字,以行为单位对数组按从小到大进行排序,先按主关键字排序,主关键字相同则按次关键字排序。程序中应定义一个通用 Sub 过程,用于对二维数组进行排序。程序参考界面如图5 – 10 所示。

(2) 编写程序,查找指定范围[m,n]中所有的凸点数。所谓凸点数是一个不含 0 数字的 5 位整数,若表示为 abcde,则有则有 a < b 、b < c、c > d、d > e。例如 12431 就是一个凸点数。程序中须定义一个函数过程,用于判断一个 5 位数是否为凸点数。程序参考界面如图5 – 11所示。

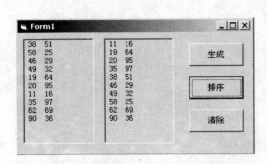

图 5 - 10   第 5 章实验操作题(1)运行界面

图 5 - 11   第 5 章实验操作题(2)运行界面

(3) 编写一个查找[A,B]之间所有同构数的程序。若一个数出现在自己平方数的右端,则称此数为同构数。如 5 在 $5^2 = 25$ 的右端,25 在 $25^2 = 625$ 的右端,故 5 和 25 为同构数。程序中应定义一个函数过程,用于判断一个正整数是否为同构数。程序参考界面如图 5 - 12 所示。

(4) 编写程序,求一个随机生成的 4 行 5 列由两位整数组成的数组的标记数组。标记数组中每个元素的值表示原数组对应元素的大小特性。若某元素大于原数组所有元素的平均值,则标记为"G";小于原数组所有元素的平均值,则标记为"L";等于原数组所有元素的平均值,则标记为"E"。程序中应定义一个通用过程,用于求二维数组所有元素的平均值。程序参考界面如图 5 - 13 所示。

图 5 - 12   第 5 章实验操作题(3)运行界面

图 5 - 13   第 5 章实验操作题(4)运行界面

(5) 编写程序,生成两个均由两位随机整数组成的数组,每个数组中 10 个元素互不相同,找出同时存在于这两个数组中的数据并输出。要求程序自定义一个通用 Sub 过程,用于生成无重复数的两个数组。程序参考界面如图 5 - 14 所示。

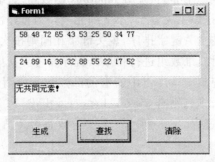

图 5 - 14   第 5 章实验操作题(5)运行界面

习题答案

1. 选择题

（1）A　　（2）A　　（3）C　　（4）D　　（5）C　　（6）C　　（7）D　　（8）B　　（9）A

（10）D　（11）D　（12）B　（13）A　（14）B　（15）C　（16）B　（17）A　（18）D

（19）D　（20）A　（21）A　（22）C　（23）D　（24）B　（25）D　（26）B　（27）C

（28）C　（29）D

2. 填空题

（1）2　3

（2）0　4　21　36

（3）200

（4）Sub：2　6　4　　main：2　2　3

（5）0.6,1.8,5.4

（6）$i = 11, j = 2, k = 43$

（7）DCB,D,3

（8）17,178,178

（9）$-5,5$

（10）$n - r, t = 1$

（11）$p = p \& \text{Mid}(st, i + 1, 1), p, p = \text{Mid}(st, i + 1, 1), \text{max\_st} = p$

（12）$\text{Erase } a, \text{sub1}((1), a, flg), \text{Mid}(\text{CStr}(x), i, 1) <> \text{Mid}(\text{CStr}(x), n - i + 1, 1),$ $a(idx) = 1$

3. 操作题

（1）关键代码：

```
Dim a( ) As Integer
Private Sub Command1_Click( )
    Dim i As Integer, j As Integer, n As Integer
    n = InputBox("数组行数 n = ", "输入", 10)
    ReDim a(n, 2)
    Randomize
    For i = 1 To n
        For j = 1 To 2
            a(i, j) = Int(Rnd * 90) + 10
            Picture1. Print a(i, j);
        Next j
        Picture1. Print
    Next i
End Sub
Private Sub Command2_Click( )
    Dim i As Integer, j As Integer
```

```
        Call sort(a)
        For i = 1 To UBound(a,1)
            For j = 1 To 2
                Picture2. Print a(i,j);
            Next j
            Picture2. Print
        Next i
    End Sub
    Private Sub Command3_Click( )
        Picture1. Cls
        Picture2. Cls
    End Sub
    Private Sub sort(a( ) As Integer)
        Dim i As Integer,j As Integer,t As Integer
        For i = 1 To UBound(a,1) - 1
            For j = i + 1 To UBound(a,1)
                If a(i,1) > a(j,1) Then
                    t = a(i,1):a(i,1) = a(j,1):a(j,1) = t
                    t = a(i,2):a(i,2) = a(j,2):a(j,2) = t
                ElseIf a(i,1) = a(j,1) And a(i,2) > a(j,2) Then
                    t = a(i,1):a(i,1) = a(j,1):a(j,1) = t
                    t = a(i,2):a(i,2) = a(j,2):a(j,2) = t
                End If
            Next j
        Next i
    End Sub
```

(2) 关键代码:

```
Option Explicit
Private Sub Command1_Click( )
    Dim M As Long,N As Long,I As Long,Js As Integer
    M = Text1
    N = Text2
    For I = M To N
        If Validate(I) Then
            List1. AddItem I
            Js = Js + 1
        End If
    Next I
    If Js = 0 Then List1. AddItem "无凸点数"
```

```
End Sub
Private Function Validate(N As Long) As Boolean
    Dim S As String, A(5) As Integer, I As Integer
    Dim K As Boolean
    S = N
    For I = 1 To Len(S)
        A(I) = Val(Mid(S,I,1))
        If A(I) = 0 Then Exit Function
    Next I
    K = A(1) < A(2) And A(2) < A(3) And A(3) > A(4) And A(4) > A(5)
    If K Then Validate = True
End Function
Private Sub Command2_Click()
    Text1 = ""
    Text2 = ""
    List1.Clear
    Text1.SetFocus
End Sub
Private Sub Command3_Click()
    End
End Sub
```

(3) 关键代码：

```
Option Explicit
Private Sub Command1_Click()
    Dim a As Integer, b As Integer
    Dim i As Long
    a = Text1
    b = Text2
    For i = a To b
        If pd(i) Then
            List1.AddItem i & "^2 = " & i ^ 2
        End If
    Next i
End Sub
Private Function pd(x As Long) As Boolean
    Dim s As String
    s = CStr(x)
    If Right(x ^ 2, Len(s)) = x Then pd = True
End Function
```

```
Private Sub Command2_Click( )
    List1 . Clear
    Text1 . Text = " " : Text2 = " "
    Text1 . SetFocus
End Sub
Private Sub Command3_Click( )
    End
End Sub
```

（4）关键代码

```
Option Explicit
Dim a(4,5) As Integer
Private Sub Command1_Click( )
    Dim i As Integer, j As Integer
    For i = 1 To 4
        For j = 1 To 5
            a(i,j) = Int( Rnd * 90) + 10
            Picture1 . Print a(i,j);
        Next j
        Picture1 . Print
    Next i
End Sub
Private Sub Command2_Click( )
    Dim sign(4,5) As String * 1 , i As Integer, j As Integer
    Dim av As Single
    av = avr( a)
    For i = 1 To 4
        For j = 1 To 5
            If a(i,j) > av Then
                sign(i,j) = " G"
            ElseIf a(i,j) < av Then
                sign(i,j) = " L"
            Else
                sign(i,j) = " E"
            End If
            Picture2 . Print sign(i,j);" ";
        Next j
        Picture2 . Print
    Next i
End Sub
```

```
Private Function avr(a( ) As Integer) As Single
    Dim sum As Integer,i As Integer,j As Integer
    For i = 1 To 4
        For j = 1 To 5
            sum = sum + a(i,j)
        Next j
    Next i
    avr = sum / (4 * 5)
End Function
Private Sub Command3_Click( )
    Picture1. Cls:Picture2. Cls
End Sub
```

(5) 关键代码

```
Option Explicit
Dim a(10) As Integer,b(10) As Integer
Private Sub Command1_Click( )
    Dim i As Integer
    Call arry(a)
    Call arry(b)
    For i = 1 To 10
        Text1 = Text1 & Str(a(i))
        Text2 = Text2 & Str(b(i))
    Next i
End Sub
Private Sub Command2_Click( )
    Dim i As Integer,j As Integer,k As Integer
    For i = 1 To 10
        For j = 1 To 10
            If a(i) = b(j) Then
                k = k + 1
                Text3 = Text3 & Str(a(i))
            End If
        Next j
    Next i
    If k = 0 Then
        Text3 = "无共同元素!"
    End If
End Sub
Private Sub arry(d( ) As Integer)
```

```
        Dim i As Integer,j As Integer,n As Integer
        Randomize
        For i = 1 To 10
            n = Int( Rnd * 90) + 10
            For j = 1 To i
                If n = d( j)  Then Exit For
            Next j
            If j < = i Then i = i - 1 Else d( i) = n
        Next i
    End Sub
    Private Sub Command3_Click( )
        Text1 = " " : Text2 = " " : Text3 = " "
    End Sub
```

第 **6** 章

文　件

【学习目的与要求】

1. 文件的结构与分类。

了解文件的结构以及分类。

2. 文件操作语句和函数。

掌握文件的基本操作语句和函数。

3. 顺序文件

掌握顺序文件的读/写操作。

4. 随机文件

(1) 掌握随机文件的打开以及读/写操作。

(2) 学习往随机文件增加和删除记录的方法。

(3) 学习使用控件显示和修改随机文件。

5. 文件系统控件

掌握驱动器列表框 DriveListBox、目录列表框 DirListBox、文件列表框 FileListBox 的使用。

【重难点与习题解析】

1. 文件的结构

为了有效地存取数据,数据必须以某种特定的方式存放,这种特定的方式称为文件结构。VB 文件是由记录组成的,记录是由字段组成的,字段是由字符组成的。

① 字符(Character):是构成文件的最基本单位。字符可以是数字、字母、特殊符号或单一字节。

② 字段(Field):也称域。字段由若干个字符组成,用来表示一项数据。

③ 记录(Record):由一组相关的字段组成。例如在病人信息表中,病人的病历号、姓名、电话号码等构成一个记录。在 VB 中,以记录为单位处理数据。

④ 文件(File):文件由记录构成,一个文件含有一个以上的记录。例如在病人信息文件中有 100 个人的信息,每个人的信息是一个记录,100 个记录构成一个文件。

在 VB 中,按照文件的访问方式不同,可以将文件分为顺序文件、随机文件和二进制文件。

（1）顺序文件

以顺序存取的方式保存数据的文件叫做顺序存取文件。顺序文件是按行存储,若要修改某个记录,则需将整个文件读出,修改后再将整个文件写回磁盘。

（2）随机文件

以随机存取方式存取的文件称为随机文件。随机文件按记录存取,每个记录是定长,每个记录前都有记录号表示此记录开始。在读/写文件时,只要给出记录号,就可以访问记录。

（3）二进制文件

在二进制文件中的数据均以二进制方式存储,存储单位是字。在二进制文件中,能够存取任意所需要的字节。可以把文件指针移到文件的任何地方。

【题1】　以下叙述中错误的是_____。（2006 年 9 月全国计算机等级考试 VB 笔试题目）

A）顺序文件中的数据只能按顺序读/写

B）对同一个文件,可以用不同的方式和不同的文件号打开

C）执行 Close 语句,可将文件缓冲区中的数据写到文件中

D）随机文件中各记录的长度是随机的

解析:随机文件的记录是定长记录,因此答案选择 D。

2. 文件的相关函数

（1）打开文件语句——Open 语句

语句的格式如下:

Open 文件名［For 模式］［Access 存取类型］［锁定］As［#］文件号［Len = 记录长度］

（2）关闭文件语句——Close 语句

Close 语句格式如下:

Close［［#］文件号］［,［#］文件号］…

（3）Seek 语句

Seek 语句的功能是把相应文件的文件指针移到指定位置。对于随机访问文件,是记录位置,否则是字符位置。

语句格式如下:

Seek［#］文件号,位置

（4）Kill 语句

Kill 语句功能是:删除指定的文件,必要时文件名应指明它的存储路径。为了删除一类文件,可以使用文件通配符。

语句格式如下:

Kill file

（5）FileCopy 语句

FileCopy 语句功能是:复制一个指定源文件到目标位置。

语句格式如下:

FileCopy　源文件,目标文件

（6）Name 语句

Name 语句的功能是：重新命名一个文件或文件夹。

语句格式如下：

Name 旧名字 As 新名字

（7）EOF 函数

格式：EOF（文件号）

功能：当文件指针到达文件尾部时返回"True"，否则返回"False"。

（8）LOF 函数

格式：LOF（文件号）

功能：以字节方式返问被访问文件的大小。

（9）FreeFile 函数

格式：FreeFile [（文件号范围）]

功能：以整数形式返回 Open 语句可以使用的下一个有效文件号。

（10）FileLen 函数

格式：FileLen(file_name)

功能：返回是指定文件的长度，单位为字节数。如果指定的是一个已被打开的文件，FileLen 函数返回的是该文件打开之前的长度。

3. 顺序文件

（1）顺序文件的打开

向顺序文件写数据可以用下述两种方式打开文件：

Open 文件名 For Output As[#]文件号

Open 文件名 For Append As[#]文件号

以前者打开文件，文件中的原来内容被覆盖。以后者打开文件，写入的数据添加在文件的尾部。

（2）顺序文件的写操作

● Print # 语句

Print 语句的功能是将一个或多个数据写到顺序文件中。语句格式为：

Print #文件号,[输出列表]

● Write # 语句

语句格式如下：

Write #文件号,[输出列表]

其中:文件号:已打开文件的文件号。

（3）顺序文件的读操作

● Input #语句

语句格式如下：

Input #文件号,变量表

其中,变量表(Varlist)由一个或多个变量组成,有多个变量时,各变量之间用逗号分隔。变量表中的变量可以是简单变、数组元素,也可以是用户自定义类型变量。

● LineInput # 语句

语句格式如下：

Line Input#文件号,变量名

其中,变量名应为一个字符串型变量名或字符串型数组元素名。

● Input 函数

语句格式如下:

Input(n,[#]文件号)

【题2】   下叙述中正确的是 _____。

A) 一个记录中所包含的各个元素的数据类型必须相同

B) 随机文件中每个记录的长度是固定的

C) Open 命令的作用是打开一个已经存在的文件

D) 使用 Input #语句可以从随机文件中读取数据

解析:记录中各个元素的数据类型可以不相同。对与随机文件而言,记录的长度是固定的。Input #语句用于从顺序文件中读取数据,因此答案选 C。

【题3】   如果在 C 盘当前文件夹中已存在 StuData. dat 的顺序文件,那么执行语句:Open" c:studata. dat"for append as #1 之后将_____。

A) 删除文件中原有的内容。

B) 保留文件中原有的内容,在文件尾添加新内容。

C) 保留文件中原有的内容,在文件头添加新内容。

D) 以上均不对。

解析:本题主要考查 Open 语句的使用格式。for append 表明将在打开的文件末尾追加记录,因此答案选 B。

【题4】   以下程序的功能是把顺序文件 smtext. txt 的内容全部读入内存,并在文本框 Text1 中显示出来。请填空。

```
Private Sub Command1_Click( )
    Dim indata As String
    Text1. Text = " "
    Open" smtext1. txt"  【1】  As  【2】
    Do While  【3】
        Input #2 ,indata
        Text1. Text = Text1 & indata
    Loop
    Close #2
End Sub
```

解析:本题主要考查顺序文件的打开以及读取操作。Open 语句的格式为:

Open 文件名 [For 模式] As [#]文件号

文件操作仅涉及读取信息,则模式可选择 input。从程序段的 input #2 可知,smtext1. txt 的文件号为#2,因此在【1】处填入语句:for input,在【2】处填入语句:#2。【3】处的语句主要检测文件是否已经读完,因此可填入语句:not EOF(2),表示在文件号为 2 的文件未读完时,继续读取操作。

【题5】   在名称为 Form1 的窗体上画一个文本框,其名称为 Text1,在属性窗口中把文

本框的 MultiLine 属性设置为 True,然后编写如下事件过程:

```
Private Sub Form_Click( )
    Open" d：estsmtext1. txt" For Input As #1
    Do While Not 　【1】
    Line Input #1 , aspect $
    whole $ = whole $ + aspect $ + Chr(13) + Chr(10)
    Loop
    Text1. Text = whole $
    Close #1
    Open" d：estsmtext2. txt" For Output As #1
    Print #1 , 　【2】
    Close #1
End Sub
```

上述程序的功能是,把磁盘文件 estsmtext1. txt　的内容读到内存并在文本框中显示出来,然后把该文本框中的内容存入磁盘文件 estsmtext2. txt,请填空。

解析:本题主要考查对顺序文件的基本操作。【1】填入 EOF(1),判断文件号为 1 的文件是否读取完毕。语句 print 可以将数据写入文件中,其格式为:Print #文件号,[输出列表]。因此【2】处填入 text1. text。表明将 text1. text 的内容写入磁盘文件。

【题 6】　假定在工程文件中有一个标准模块,其中定义了如下记录类型

```
Type Books
Name As String ∗ 10
TelNum As String ∗ 20
End Type
```

要求当执行事件过程 Command1_Click 时,在顺序文件 Person. txt 中写入一条记录。下列能够完成该操作的事件过程是＿＿＿＿＿＿。

A) Private Sub Command1_Click( )

```
Dim B As Books
Open" c:\Person. txt" For Output As #1
B. Name = InputBox("输入姓名")
B. TelNum = InputBox("输入电话号码")
Write #1 , B. Name , B. TelNum
Close #1
End Sub
```

B) Private Sub Command1_Click( )

```
Dim B As Books
Open" c:\Person. txt" For Input As #1
B. Name = InputBox("输入姓名")
B. TelNum = InputBox("输入电话号码")
Print #1 , B. Name , B. TelNum
Close #1
End Sub
```

C) Private Sub Command1_Click( )

```
Dim B As Books
Open" c:\Person. txt" For Output As #1
Name = InputBox("输入姓名")
TelNum = InputBox("输入电话号码")
```

D) Private Sub Command1_Click( )

```
Dim B As Book
Open" c:\Person. txt" For Input As #1
Name = InputBox("输入姓名")
TelNum = InputBox("输入电话号码")
```

Write #1 , B	Print #1 , B. Name , B. TelNum
Close #1	Close #1
End Sub	End Sub

解析:本题主要考查顺序文件的打开以及写操作。往文件中写信息,必须以 Output 或者 Append 模式打开,而选项 B、D 以 Input 模式读取方式打开,是不正确的。顺序文件的写入按字符进行,选项 C 中 Write #1,选项 B 以记录为单位不正确。因此答案选 A。

4. 随机文件

(1) 随机文件的打开

使用下面的 Open 语句打开一个随机文件:

Open　文件名　[For Random] As [#]文件号 [Len = 记录长度]

(2) 随机文件的写操作

Put#语句的功能是将变量内容写到打开的随机文件或二进制访问的文件中。

语句格式如下:

Put#文件号,[记录号],变量

(3) 随机文件的读操作

Get 语句的功能是将打开文件中的数据读到变量中。

语句格式如下:

Get #文件号,[记录号],变量

(4) 随机文件的增、删、改

● 添加记录

在随机文件中增加记录,实际上是在文件尾附加一条新记录。其运算方法是首先找到最后一条记录的记录号(即记录总数),然后把要增加的记录写到它的后面(即使其记录号增加 1)。随机文件中的记录数可以用以下公式进行计算:

记录数 = LOF(文件号)/Len(记录型变量)

● 删除记录

清除随机访问中删除的记录可以采用如下步骤:

① 创建一个新文件。

② 把有用的记录从原文件复制到新文件中。

③ 关闭原文件并用 Kill 语句删除它。

④ 使用 Name 语句把新文件名改为原文件名。

【题7】　窗体上有 1 个名称为 Text1 的文本框和 1 个名称为 Command1 的命令按钮。要求程序运行时,单击命令按钮,就可以把文本框中的内容写到文件 out. txt 中,每次写入的内容附加到文件原有内容之后。下面能够实现上述功能的程序是_____。

A) Private Sub Command1_Click( )	B) Private Sub Command1_Click( )
Open　"out. txt" For Input As#1	Open　"out. txt" For Output As#1
Print #1 ,Text1. Text	Print #1 ,Text1. Text
Close 1	Close #1
End Sub	End Sub

C）Private Sub Command1_Click( )

    Open"out. txt"For Append As#1

    Print #1, Text1. Text

    Close #1

    End Sub

D）Private Sub Command1_Click( )

    Open"out. txt"For Random As#1

    Print #1, Text1. Text

    Close #1

    End Sub

解析:本题主要考查 Open 语句以及 Print 语句的使用。往顺序文件中写入内容使用 Print 语句。因此,打开 out. txt 文件时,应以顺序文件的形式打开,选项 D 将文件以随机文件形式打开,可以排除。选项 B、C 中文件均可以往文件写入内容,但选择 output 模式,会覆盖原有的文件内容,只有选项 C 符合要求,因此答案为 D。

【题8】 建立一个通讯录随机文件 phonbook. txt,内容包括姓名、电话、地址和邮政编码,用文本框输入数据。单击"添加记录"按钮 Command1 时,将文本框数据写入文件,单击"显示"按钮 Command2 时,将文件中的所有记录内容显示在立即窗口中。假设已经定义了记录类型 PersData,请将以下程序段补充完整。

Dim xdata As PersData

Private Sub Form_Load( )

  Open"c:phonbook. txt"For Random As #1

End Sub

Private Sub Command1_Click( )

xdata. name = Text1. Text:xdata. phon = Text2. Text

xdata. address = Text3. Text:xdata. postcd = Text4. Text

   【1】

Text1. Text = " ":Text2. Text = " ":Text3. Text = " ":Text4. Text = " "

End Sub

Private Sub Command2_Click( )

reno = 【2】

i = 1

Do While i < = reno

   【3】

Debug. Print xdata. name, xdata. phon, xdata. address, xdata. postcd

i = i + 1

Loop

End Sub

解析:本题主要考查随机文件的读/写操作。往随机文件写入记录的语句为:

    Put#文件号,[记录号],变量。

记录号可以缺省,但逗号不能省略。【1】中实现将记录 xdata 中的内容写入文件,因此应填入语句:Put #1,,xdata。【2】中计算文件的记录数,记录数 = LOF(文件号)/Len(记录型变量),因此应填入语句:LOF(1)/Len(xdata)。【3】中实现将文件当前记录读取到 xdata 记录中,因此应使用语句:Get #1,i,xdata。i 表示第 i 个记录。

【题9】 假定在窗体(名称为 Form1)的代码窗口中定义如下记录类型:

Private Type animal

AnimalName As String * 20

AColor As String * 10

End Type

在窗体上画一个名称为 Command1 的命令按钮，然后编写如下事件过程：

Private Sub Command1_Click( )

Dim rec As animal

Open" c：\vbTest. dat" For Random As #1 Len = Len(rec)

rec. animalName = " Cat"

rec. aColor = " White"

Put #1 , , rec

Close #1

End Sub

则以下叙述中正确的是(　　　)。

　A）记录类型 animal 不能在 Form1 中定义，必须在标准模块中定义

　B）如果文件 c：\vbTest. dat 不存在，则 Open 命令执行失败

　C）由于 Put 命令中没有指明记录号，因此每次都把记录写到文件的末尾

　D）语句"Put #1 , , rec"将 animal 类型的两个数据元素写到文件中

　解析：此题答案为 C。记录类型可以在 form1 所在的代码窗口的通用模块中定义，因此选项 A 不正确。Open 语句打开的文件不存在，会自动新建一个文件，因此不选择 B。而选项 D 中，正确的说法为语句使以记录形式写入到文件中。

　5. 文件系统控件

　VB 提供了三种文件系统控件，它们是：驱动器列表框(DriveListBox)、目录列表框(DirListBox)和文件列表框(FileListBox)。

　这三种文件系统控件的重要属性见表 6 - 1。

表 6 - 1　文件系统控件重要属性

属性	适用的控件	说明	示例
Drive	驱动器列表框	用来设置当前驱动器或返回所选择的驱动器名，该语句的功能是将指定的驱动器设置为当前的驱动器	Drive1. Drive = " C"
Path	目录和文件列表框	用来设置当前路径名或返回所选择的路径名	Dir1. Path = " C：\windows"
Filename	文件列表框	用于返回或设置一个被选中的文件名	MsgBox File1. FileName
Pattern	文件列表框	用于返回或设置列表框内文件的显示模式，该属性的类型为字符串型，默认值为" * . * "。可同时使用多种模式，用分号";"分隔不同的模式	File1. Pattern = " * . txt; * . bmp"

文件系统控件的重要事件见表 6－2。

表 6－2　文件系统控件重要事件

事件	适用的控件	说明
Chang	驱动器和目录列表框	驱动器列表框的 Change 事件是在选择一个新的驱动器或通过代码改变 Drive 属性的设置时发生 目录列表框的 Change 事件是在双击一个新的目录或通过代码改变 Path 属性的设置时发生
PathChange	文件列表框	当文件列表框的 Path 属性改变时发生
PatternChange	文件列表框	当文件列表框的 Pattern 属性改变时发生
Click	目录和文件列表框	用鼠标单击时发生
DblClick	文件列表框	用鼠标双击时发生

【题 10】　使用驱动器列表框的_____属性可以返回或设置磁盘驱动器名称。

A）ChDrive　　　　　B）Drive　　　　　C）List　　　　　D）ListIndex

解析：从表 6－1 可知，此处答案应为 B

【题 11】　目录列表框的 Path 属性的作用是（　　）。

A）显示当前驱动器或指定驱动器上的某目录下的文件名

B）显示当前驱动器或指定驱动器上的目录结构

C）显示根目录下的文件名

D）显示指定路径下的文件

解析：此题答案为 B，path 属性只是用于设置路径，与具体的文件无关。

【题 12】　从指定的任意一个驱动器中的任何一个文件夹下查找文本文件，并将选定的文件的完整路径显示在文本框 Text1 中，文件的内容显示在文本框 Text2 中。File1 为文件列表框控件，Drive1 为驱动器列表框控件，Dir1 为目录列表框控件。

```
Private Sub Form_Load()
  File1. 【1】 = " * . txt"
End Sub
Private Sub Dir1_Change()
  【2】
End Sub
Private Sub Drive1_Change()
  【3】
End Sub
Private Sub File1_Click()
  If Right(File1. Path,1) < > " \" Then
    Text2. Text = File1. Path &" \" & File1. FileName
  Else
```

```
        Text2. Text = File1. Path & File1. FileName
    End If
        【4】
    Text1. Text = Input(LOF(1),1)
    Close
End Sub
```

解析:【1】处代码将文件列表框的文件显示模式设置为"*. txt",从表6-1可知,此处应该填入:Pattern。语句【2】功能是当目录改变后,同时改变文件列表,因此填入语句:File1. Path = Dir1. Path,语句【3】功能为驱动器改变后,更新目录列表框的显示,因此填入语句:Dir1. Path = Drive1. Drive,语句【4】的作用为打开选中的磁盘文件,因此此处填入文件打开语句:Open Text2. Text For Input As #1。

【实验练习与分析】

【题13】 编程实现通过控件录入职工信息,每录入一个,单击"保存"按钮,信息写入到顺序文件 work. dat 中。单击"数据处理"按钮,则将文件 work. dat 中工资高于平均工资的职工记录读出并存在文件 work1. dat 中。

解析:本题主要考查顺序文件的 Open、Write 和 Input 语句的实现。

(1) 设计一个窗体,其中放置若干对象,对象及属性对应表如表6-3所示。

表6-3 对象及属性设置表

对象	控件名称	属性名称	属性值
Form	Form	Caption	第6章题13
Label	Label1	Caption	工作证号
Label	Label2	Caption	姓名
Label	Label3	Caption	工资
Text	Text1	Text	空
Text	Text1	Text	空
Text	Text1	Text	空
Command	Command1	Caption	保存
Command	Command2	Caption	数据处理

(2) 程序代码设计如下:

```
Private Sub Command1_Click()
    Dim gzzh As String, xm As String    '定义 gzzh 存放工作证号,xm 存放姓名
    Dim gz As Single                    '定义 gz 存放工资
    gzzh = Text1. Text: xm = Text2. Text: gz = Text3. Text
    Open "c:\work. dat" For Append As #1    '以追加方式打开 work. dat 文件
```

```
    Write #1,gzzh,xm,gz                          '往文件中写入记录
    Close #1
    Text1. Text = " " : Text2. Text = " " : Text3. Text = " "
    Text1. SetFocus
End Sub
Private Sub Command2_Click( )
    Dim sum As Single
    Dim gzzh As String,xm As String
    Dim gz As Single
    Open" c:\work. dat" For Input As #1              '以只读方式打开 work. dat 文件
    Do While Not (EOF(1))
     Input #1,gzzh,xm,gz                          '依次读出文件中每条记录
     n = n + 1
     sum = sum + gz                               '计算工资总和
    Loop
    aver = sum / n                                  '计算平均工资
    Seek #1 ,1                                       '重新将指针指向文件头
    Open" c:\work1. dat" For Append As #2            '建立 work1. dat 文件
    For i = 1 To n
        Input #1,gzzh,xm,gz                         '依次读出 work. dat 文件中每条记录
        If gz > aver Then
         Write #2,gzzh,xm,gz                        '将符合条件的记录写入 word1. dat
        End If
    Next i
End Sub
```

【题 14】 建立一个随机文件,用以存放 10 个学生的数据(包括学号、姓名、成绩),文件名为 student. dat。并实现学生数据的增加和删除功能。

解析:本题涉及的主要操作是随机文件的创建、增加和删除。

(1) 设计一个窗体,其中放置若干对象,对象及属性对应表如表 6-4 所示。

表 6-4 对象及属性设置表

对象	控件名称	属性名称	属性值
Form	Form	Caption	第 6 章题 14
ListBox	List1		
Command	Command1	Caption	数据录入
Command	Command2	Caption	增加记录
Command	Command3	Caption	排序
Command	Command4	Caption	删除记录

（2）程序代码设计如下：

```
Private Type student                                '定义学生记录类型
    xh As String * 8
    xm As String * 8
    cj As Single
End Type
Private Sub Command1_Click( )
    Dim stu As student
    Open" c:\student. dat" For Random As #1 Len = Len( stu)    '打开随机文件
    For i = 1 To 10
        stu. xh = InputBox("输入第"& i &"个学生的学号")
        stu. xm = InputBox("输入第"& i &"个学生的姓名")
        stu. cj = InputBox("输入第"& i &"个学生的成绩")
        Put #1 ,i, stu                                '写入记录
    Next i
    Close #1
End Sub
Private Sub Command2_Click( )
    Dim p As Integer
    Dim stu As student, stu1 As student
    Open" c:\student. dat" For Random As #1 Len = Len( stu)
    stu. xh = InputBox("学生的学号")
    stu. xm = InputBox("学生的姓名")
    stu. cj = InputBox("学生的成绩")
    p = 11
    For i = 1 To 10
        Get #1 ,i, stu1                        '读文件记录
        If stu1. cj < stu. cj Then             '寻找插入位置
            p = i
            Exit For
        End If
    Next i
    For i = 10 To p Step  – 1                   '插入位置以后的记录后移
        Get #1 ,i, stu1
        Put #1 ,i + 1, stu1
    Next i
    Put #1 , p, stu                             '写入记录
    Close #1
End Sub
```

```
Private Sub Command3_Click( )
    Dim stu As student,i As Integer,j As Integer
    Dim a(1 To 10) As student
    Open" c:\student. dat" For Random As #1 Len = Len(stu)
    For i = 1 To 10
        Get #1,i,stu                                              '将所有记录读入数组中
        a(i). xh = stu. xh：  a(i). xm = stu. xm：  a(i). cj = stu. cj
    Next i
    For i = 1 To 9                                                '对数组排序
        For j = i + 1 To 10
            If a(i). cj < a(j). cj Then
                stu = a(i)
                a(i) = a(j)
                a(j) = stu
            End If
        Next j
    Next i
    For i = 1 To 10                                               '将数组内容写回文件
        Put #1,i,a(i)
    Next i
    Close #1
End Sub
Private Sub Command4_Click( )
    List1. Clear
    Dim stu As student
    Open" c:\student. dat" For Random As #1 Len = Len(stu)
    For i = 1 To LOF(1) / Len(stu)
        Get #1,i,stu
        List1. AddItem stu. xh &" ," & stu. xm &" ," & stu. cj
    Next i
    Close #1
End Sub
```

【精选习题与答案】

1. 选择题

(1) 以下关于文件的叙述中,错误的是_____。

A) 使用 Append 方式打开文件时,文件指针被定位于文件尾

B) 当以输入方式(Input)打开文件时,文件不存在则创建新文件

C）顺序文件各记录的长度可以不同

D）随机文件打开后，既可以进行读操作，也可以进行写操作

（2）要在 D 盘建立一个名为 1. txt 的顺序文件，下面语句正确的是_____。

A）Open" 1. txt" For Output As #1   B）Open" D:1. txt" For Input As #1

C）Open" D:1. txt" For Output As #1   D）Open" 1. txt" For Input As #1

（3）顺序文件中，数据是以_____的形式存储的。

A）BCD 码   B）ASCII 码   C）不定长数组   D）二进制数

（4）为了把一个记录型变量的内容写入文件中指定的位置，所使用的语句的格式为_____。

A）Get 文件号,记录号,变量名   B）Get 文件号,变量名,记录号

C）Put 文件号,变量名,记录号   D）Put 文件号,记录号,变量名

（5）设有以下的类型和变量说明：

```
Private Type person
    name As String
    score as single
  End Type
Dim p As person
```

变量 p 的成员已经获取相应的值,能够把变量 p 的内容写入到随机文件 test1. dat 中的程序段是_____

A）Open" C:\test1. dat" For Output As #1

Put #1 ,1 ,p

Close #1

B）Open" C:\test1. dat" For Random As #1

Get #1 ,1 ,p

Close #1

C）Open" C:\test1. dat" For Random As #1 Len = Len(p)

Put #1 ,1 ,p

Close #1

D）Open" C:\test1. dat" For Random As #1 Len = Len(p)

Get #1 ,1 ,p

Close #1

（6）下列说法中,错误的是_____。

A）Put 语句可以用来修改随机文件记录的数据

B）得到随机记录的长度用 Len(变量名)函数

C）删除随机文件的记录用 Kill 语句

D）得到随机文件当前记录的记录号用 Loc(文件号)

（7）下面有关文件管理控件的说法,正确的是_____。

A）ChDir 语句的作用是指明新的缺省工作目录,同时也改变目录列表框的 Path 属性

B）改变文件列表框的 FileName 属性值,仅改变列表框中显示的文件名,不会引发其他事件

C）改变驱动器列表框的 ListIndex 属性值,会改变 Drive 属性值并触发 Change 事件

D）单击目录列表框中某一项,会触发 Change 事件

（8）下列说法中,错误的是 _____。

A）当程序正常结束时,所有没用 Close 语句关闭的文件都会自动关闭

B）在关闭文件或程序结束之前,可以不用 Unlock 语句对已锁定的记录解锁

C）可以用不同的文件号同时打开一个随机文件

D）用 Output 模式打开一个顺序文件,即使不对它进行写操作,原来内容也被清除

（9）Open 语句中共有 6 个参数,其中必须指定的参数是_____。

A）文件名和存取方式参数　　　　B）文件名和操作方式参数

C）文件名和文件号参数　　　　　D）文件号和存取方法参数

（10）使用 Open 语句打开文件时需要指定参数 len 的是_____。

A）打开顺序文件　　　　　　　　B）打开文本文件

C）打开随机文件　　　　　　　　D）打开二进制文件

2. 填空题

（1）Visual Basic 提供的对数据文件的三种访问方式为随机访问方式、_____和二进制访问方式。

（2）随机文件是以_____为单位进行访问的文件。

（3）文件列表框中用于设置或者返回所选文件的文件名的属性是_____。

（4）以下事件,实现从已存在磁盘上的顺序文件 nm1. txt 中读取数据,将其中的字母转换为大写并存入新文件 nm2. txt 中。请填空。

```
Private Sub Command1_Click()
    Open" C:\num1. txt" For Input As #1
    Open" C:\num2. txt" For output  As #2
    Dim inputdata As String
    Do While Not EOF(1)
        _____
        If (inputdata > = "a" And inputdata < = "z") Then
        _____
        End If
        _____
    Loop
    Close #1 ,#2
End Sub
```

（5）在窗体上画一个文本框,名称为 Text1,然后编写以下程序实现在 D 盘的 temp 文件夹中,建立一个名为 dat. txt 的顺序文件,在文本框中输入若干英文单词并按下回车键时,向文件中写入一条记录,并清除文本框的内容。输入"END"时表示结束。请填空。

```
Private Sub Form_Load()
    Open" c:\dat. txt" For Output As #1
    Text1. Text = " "
```

```
End Sub
Private Sub Text1_KeyPress(KeyAscii As Integer)
    If KeyAscii = 13 Then
        If UCase(Text1) = "END" Then
            _____
        Else
            _____
            Text1 = ""
        End If
    End If
End Sub
```

(6) 打开顺序文件 studata. txt,读取文件中的数据,并将数据显示在窗体上。

```
Private Sub Form_Click( )
    _____
    Do While Not EOF(1)
        Input _____ stuno,stuname,stueng
    Loop
    Close #1
End Sub
```

(7) 执行语句 open" tc. dat" for random as #1 len = 50 后,对文件 tc. dat 中的数据能执行的操作是_____。

(8) 下列事件过程的功能是:建立一个名为 datal 的随机文件,存放角度值及这些角度的正弦函数值和余弦函数值,角度为 1,2,3,…,90。请在空白处填入适当的内容,将程序补充完整。

```
Private Type Ang
    k As Integer
    sinx As Single
    cosx As Single
End Type
Dim ksc As ang
Private Sub Form_Click( )
    Dim y As Single
    Open _____
    y = 3. 141 59/180
    For i = 1 To 90
        ksc. k = i
        ksc. sinx = sin( i * y)
        ksc. cosx = cos( i * y)
        _____
```

```
        Next i
        Close #2
End Sub
```

3. 实验操作题

（1）现有一随机文件 score. dat，已保存了一些学生的考试成绩记录，请从文件中读取这些记录，并将人数和平均成绩显示到文本框中。学生记录类型定义如下：

```
Type recstu
Id As Integer
StrName As String * 8
IScore As Integer
End Type
```

界面设计如图 6 - 1 所示。

（2）现有一顺序文件 answer. txt，已保存了一套试题的标准答案，另有一个 1001. txt 文件，存放了某个学生的答案，请设计一个程序，计算该学生的得分并将结果显示在文本框中。假设 answer. dat 一共包含 10 道选择题，每题 10 分，文件中不包含题号，只包含答案。

（3）使用文件系统控件，设计一个图片浏览程序，要求能够将用户选择的图片在图片框中显示。界面设计如图 6 - 2 所示。

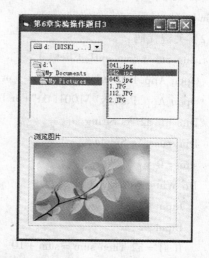

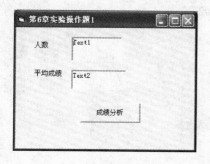

图 6 - 1 第 6 章实验操作题(1)运行界面　　图 6 - 2 第 6 章实验操作题(3)运行界面

习题答案

1. 选择题

（1）B　　（2）C　　（3）B　　（4）D　　（5）C　　（6）C　　（7）C　　（8）B　　（9）C
（10）C

2. 填空题

（1）顺序访问方式　　（2）记录　　（3）FileName

（4）inputdata = Input(1 , #1) , inputdata = UCase(inputdata) , Write #2 , inputdata

（5）Close #1 , Write #1

（6）Open" studata. txt" For Input As #1 ,#1

（7）既可以读又可以写

（8）" c:\data1. txt" for random as #2 len = 10 ,put #2 ,i

3. 操作题

（1）关键代码：

```
Private Sub Command1_Click( )
    Dim stu As recstu
    Dim sum As Single
    sum = 0
    Open App. Path &" \student. dat" For Random As #1 Len = Len( stu)
    For i = 1 To LOF(1) / Len( stu)
        Get #1 ,i ,stu
        sum = sum + stu. IScore
    Next i
    Text1. Text = LOF(1) / Len( stu)
    Text2. Text = sum / Len( stu)
    Close #1
End Sub
```

（2）关键代码：

```
Private Sub Command1_Click( )
    Open App. Path &" \answer. txt" For Input As #1
    Open App. Path &" \1001. txt" For Input As #2
    Dim a1 ,a2 As String
    Dim sum As Single
    sum = 0
    Do While Not EOF(1)
        Input #1 ,a1
        Input #2 ,a2
        If a1 = a2 Then sum = sum + 10
    Loop
    Text1. Text = sum
    Close #1 ,#2
End Sub
```

（3）关键代码：

```
Private Sub Dir1_Change( )
    File1. Path = Dir1. Path
End Sub
Private Sub Drive1_Change( )
    Dir1. Path = Drive1. Drive
```

End Sub
Private Sub File1_Click( )
    Picture1. Picture = LoadPicture(File1. Path &" \" & File1. FileName)
End Sub

第 7 章

数据库编程

【学习目的与要求】

1. 数据库的基本概念

了解数据库基本知识、数据库管理系统和数据库编程的概念,掌握关系数据库模型。

2. 数据库的建立与维护

(1) 掌握数据库及表结构的建立方法。

(2) 会用各种常用方法输入和修改数据,实现数据库的维护。

3. 使用 Data 对象访问数据库

(1) 掌握 Data 控件关联数据库的方法。

(2) 会用 Data 控件对记录进行操作。

4. 使用 ADO 对象访问数据库

(1) 掌握 ADO 对象关联数据库的方法。

(2) 会用 ADO 控件对记录进行操作。

5. 使用结构化查询语言(SQL)

掌握结构化查询语言(SQL)。

6. 了解数据库窗体设计器和数据报表设计器的使用方法

【重难点与习题解析】

1. 数据库的基本概念

数据库是指按一定组织方式存储在一起的、相互有关的、若干数据的集合。关系数据库就是将数据表示为表的集合,通过建立简单的表之间的关系来定义结构的一种数据库。它可以由一个表或多个表对象组成。表(Table)是一种数据库对象,它由具有相同属性的记录(Record)组成,而记录由一组相关的字段(Field)组成,字段用来存储与表属性相关的值。

数据库管理系统(Database Management System,DBMS)是一种操纵和管理数据库的软件,例如 FoxPro、Microsoft Access 或 Microsoft SQL Server 等。它们在操作系统的基础上,对数据库进行统一的管理和控制。其功能包括数据库定义、数据库管理、数据库建立和维护、与操作系统通信等。

【题 1】 数据表的基本成分是字段和记录，其中字段体现为________。

A）行　　B）列　　C）行与列　　D）既不是行也不是列

解析：关系数据库用二维表来表示数据结构，行被称为记录，列被称为字段，每个字段都有一个取值范围，用来存储与表属性相关的值。所以选项 B 是正确的。

【题 2】 以下说法错误的是________。

A）一个数据库可以由一张数据表构成

B）一个数据库可以由多张数据表构成

C）同一字段的数据具有相同的类型

D）数据表中每一条记录的各个数据项具有相同的类型

解析：关系数据库可由一张或多张数据表构成，一张数据表中同一字段数据的数据类型都是相同的，而数据表中每一条记录的各个数据项的数据类型则不一定相同。所以选项 D 是正确的。

【题 3】 数据库系统的核心是________。

A）数据模型　　B）数据库管理系统

C）软件工具　　D）数据库

解析：数据库管理系统（DBMS）是数据库系统的核心，是建立在操作系统之上对数据库进行统一的管理和控制，用户使用的各种数据库命令以及应用程序的执行，最终都必须通过 DBMS。所以选项 B 是正确的。

2. 数据库的建立与维护

可视化数据管理器 VisData 是 VB 提供的关于数据库操作的实用工具，它可以方便地建立数据库、对数据进行增、删、改、查等操作且不需编写代码。

【题 4】 Visual Basic 6.0 中提供的 VisData 应用程序常被称之为________。

A）数据报表设计器　　B）数据环境设计器

C）可视化数据管理器　　D）数据编程向导

解析：Visual Basic 提供了一个非常方便的数据库操作工具，即可视化数据管理器 VisData，使用可视化数据管理器可以方便地建立数据库，添加表，对表进行修改、添加、删除、查询等操作。所以选项 C 是正确的。

【题 5】 VisData 新建 Access 数据库文件的默认扩展名是________。

A）.dbc　　B）.acc　　C）.mdb　　D）.db

解析：可视化数据管理器 VisData 保存数据库文件的默认扩展名和 Access 一样，使用 .mdb作为其扩展名。所以选项 C 是正确的。

【题 6】 可视化数据管理器中，打开外部数据库中表的菜单是________。

A）打开　　B）全局替换　　C）附加　　D）新建

解析：可视化数据管理器 VisData 使用“打开”菜单命令可以打开所需的外部数据库中的表。所以选项 A 是正确的。

3. 使用 Data 对象访问数据库

Data 控件是 VB 内置的一个数据库连接控件，它能将数据库中的数据表或某些字段与应用程序中的数据绑定控件连接起来，利用 Data 控件的属性与方法可以实现对数据库的操作。

【题 7】　Data 控件不能通过 Connect 属性直接访问的数据库有_____。

A）Access　　　　B）FoxPro　　　　C）dBASE　　　　D）SQL Server

解析：VB 中 Data 控件通过 Connect 属性直接访问的数据库的类型有 Access、FoxPro、dBASE 及 Excel 等，但不包括 SQL Server。所以选项 D 是正确的。

【题 8】　以下说法错误的是_____。

A）利用 Data 控件可对已连接的数据库记录进行显示和修改

B）利用 Data 控件只能访问 Access 数据库

C）通过设置 DatabaseName 属性，可以与指定的 Access 数据库连接

D）利用 Data 控件可增加或删除已连接的数据库中的记录

解析：Data 控件可以对所连接的数据库中的记录进行各种操作，而 Data 控件所能访问的数据库的类型很多，不止 Access 一种，所以选项 B 是正确的。

【题 9】　要利用数据控件返回数据库中记录集，需设置的属性是_____。

A）Connect　　　B）RecordSource　　　C）DatabaseSource　　　D）RecordType

解析：数据控件是数据库连接的控件，可以通过设置数据控件的基本属性来达到访问数据资源的目的。对于比较常用的数据控件（Data、ADO 等）来说，RecordSource 属性用于具体确定可访问的数据，这些数据构成记录集对象。所以选项 B 是正确的。

【题 10】　根据控件有下列_____属性，就可判断该控件是否可以和数据控件绑定。

（1）RecordSource　（2）DataSource　（3）DataField　（4）DatabaseName

A）（1）（3）　　　　B）（2）（3）　　　　C）（3）（4）　　　　D）（1）（4）

解析：VB 中，DataSource 属性通过制定一个有效的数据控件连接到一个数据库上，DataField 属性用于设置数据库有效字段与绑定控件的联系。一般在控件的属性窗口中，如果某控件具有这两个属性，该控件就可以和某一数据库的绑定。所以选项 B 是正确的。

【题 11】　使用文本框显示数据库表中的字段，应将文本框中的_____属性设置为数据访问控件"Data1"。

A）DataFild　　　B）RecordSource　　　C）Contect　　　D）DataSource

解析：VB 中，控件 DataSource 属性值为通过制定一个有效的数据控件连接到一个数据库上，当使用文本框显示所指定的数据库表中的字段时，应将文本框的 DataSource 属性值设置为 Data1，所以选项 D 是正确的。

【题 12】　执行 Data 控件记录集的_____方法，可以将修改的记录保存到数据库。

A）Updatable　　　B）Save　　　C）Update　　　D）Update Controls

解析：VB 中 Data 控件的 Update 方法可以将修改的记录保存到数据库，所以选项 C 是正确的。

【题 13】　以下控件中，不能作为数据绑定控件的是_____。

A）Label（标签）　　　　　　　B）Textbook（文本框）

C）OptionButton（单选按钮）　　　D）ListBook（列表框）

解析：从属性窗口可以看到：单选按钮不具有 DataSourse 与 DataField 属性，所以选项 C 是正确的。

4. 使用 ADO 对象访问数据库

ADO 控件是 VB 提供的数据连接控件，和 Data 控件相比，数据访问功能更强大、更灵活、

更方便。

ADO 控件的核心是 Connection 对象、RecordSet 对象和 Command 对象。当对数据库进行操作时,首先利用 ConnectionString 属性与数据库建立连接,然后利用 RecordSet 属性操作数据库,利用 CommandType 属性指定获取记录源的类型。

【题 14】 使用 ADO 数据控件的 ConnectionString 属性与数据源建立连接相关信息,在属性页对话框中可以有_____种不同的连接方式。

A) 1　　　　　　　B) 2　　　　　　　C) 3　　　　　　　D) 4

解析:使用 ADO 数据控件的 ConnectionString 属性与数据源建立连接相关信息,在属性页对话框中有:"使用 DataLink 文件(L)"、"使用 ODBC 数据资源名称(D)"及"使用连接字符串(C)"3 种不同的连接方式,所以选项 C 是正确的。

【题 15】 ADO 控件的 RecordSource 属性设置是指定_____。

A) 与 ADO 连接的数据库　　　　　B) 与数据库的连接方式

C) 数据库类型　　　　　　　　　D) ADO 控件数据的来源

解析:VB 中,ADO 控件的 RecordSource 属性是将一个有效的数据控件连接到一个数据库上,指定了 ADO 控件数据的来源,所以选项 D 是正确的。

【题 16】 ADO 控件的 RecordSet 对象添加一条记录的方法是_____。

A) MoveFirst　　　B) Edit　　　　C) Addnew　　　D) Delete

解析:VB 中 ADO 控件的 RecordSet 对象的 Addnew 方法可以添加一条记录,所以选项 C 是正确的。

5. 使用结构化查询语言(SQL)

结构化查询语言(SQL)是目前操作关系数据库的标准语言,它具有结构简单、功能强大、简单易学的特点,SQL 语句常用的命令包括:SELECT、INSERT、DELETE、UPDATE。其中 SELECT 语句用于在数据库中查找满足特定条件的记录,INSERT 语句主要用来向数据表中添加记录,DELETE 语句将指定的记录从表中删除,UPDATE 语句用来按照某个固定条件修改特定表中的字段值。SQL 的 SELECT 查询语句应用广泛,SELECT 语句的基本语句格式是:

"SELECT 字段名表 FROM 表名[WHERE <查询条件>]"

该语句由 3 部分组成,第 1 部分"字段名表"指明查询结果要显示的字段清单,若用"＊"号则代表选择所有字段,第 2 部分"表名"指明要从哪些表中查询数据,第 3 部分"WHERE…"指明要选择满足什么条件的记录。

【题 17】 语句"SELECT ＊ FROM 药材表"的 ＊ 号表示_____。

A) 多个表　　　　　　　　　　　B) 所有指定条件的记录

C) 所有记录　　　　　　　　　　D) 指定表中的所有字段

解析:在 SQL 语句中,查询语句 SELECT 后面允许使用通配符"＊"表示选择所有字段,所以选项 D 是正确的。

【题 18】 在学生登记表中,选出年龄在 20～25 岁的记录,则实现的 SQL 语句是_____。

A) SELECT FROM 学生登记表 WHERE 年龄 BETWEEN 20,25

B) SELECT FROM 学生登记表 WHERE 年龄 BETWEEN 20 AND 25

　　C）SELECT * FROM 学生登记表 WHERE 年龄 BETWEEN 20 OR 25

　　D）SELECT * FROM 学生登记表 WHERE 年龄 BETWEEN 20 AND 25

　　解析：WHERE 子句的 BETWEEN 运算符用于指定某一闭区间的数据语句，AND 运算符指定满足条件的所有记录，所以选项 D 是正确的。

　　【题 19】　下列＿＿＿＿＿＿＿组关键字是 SELECT 语句中不可缺少的。

　　A）SELECT、FROM　　　　　　　　　B）SELECT、WHERE

　　C）FROM、ORDER By　　　　　　　　D）SELECT、All

　　解析：SELECT 语句的语法格式中，SELECT 部分与 FROM 部分是必须设置的项，也就是说，SELECT 语句至少要有 SELECT 和 FROM 两部分。所以选项 A 是正确的。

　　【题 20】　SQL 语句"SELECT 学号，姓名，性别 FROM 学生 WHERE 性别 = '男'"中查询的表名称是＿＿＿＿＿＿＿。

　　A）学号　　　　　B）姓名　　　　　C）性别　　　　　D）学生

　　解析：SQL 语句的一般格式为："SELECT 字段名表 FROM 表名［WHERE ＜查询条件＞］"，题中 FROM 后面是"学生"，所以选项 D 是正确的。

　　6. 数据窗体设计器和数据报表设计器

　　VB 提供了一个功能强大的数据窗体向导，通过几个交互操作，便能创建前面介绍的 ADO 数据控件和绑定控件，构成一个访问数据的窗口。而且 Microsoft 在系统中集成了数据报表设计器（Data Report Designer），它能将报表加入到当前工程中，产生一个 DataReport1 对象，并在工具箱内产生一个"数据报表"工具栏。

【实验练习与分析】

　　【题 21】　利用可视化数据管理器建立数据库"药品.mdb"，其中药品数据表如表 7 - 1 所示。并利用 SQL 查询语句查询药品单价大于 10 元的记录。

表 7 - 1　药品数据表

编码	药 品 名 称	单位	单价/元
1001	正骨水	瓶	2.5
1002	无环鸟苷片（阿昔络韦）	合	40.03
1003	万花油	瓶	3.5
1004	天保宁	合	21.7
1005	千柏鼻炎片	瓶	9.61
1006	开搏通片	片	4.2
1007	阿托品针	支	2

　　解析：利用可视化数据库管理器建立数据库，数据库类型选 Access，数据库命名为药品.mdb，表名为"药品"，使用可视化数据管理器的记录编辑窗口"Dynaset"可以方便地添加表，对表进行修改等操作。使用数据窗体设计器生成数据浏览窗体，使用查询设计器查询满足条件的记录。操作步骤如下：

① 启动 Microsoft Visual Basic 6.0。

② 打开新的"标准 EXE"工程。

③ 选择"外接程序/可视化数据管理器",打开 VisData 窗口。

在 VisData 窗口选择"文件"→"新建 Microsoft Access(M)…Version7.0MDB(7)…",建立数据库"药品.mdb"。在数据库窗口的 Properties 上单击鼠标右键,在出现的菜单中选择"新建表"。

④ 在"表结构"窗口中输入表名"药品",添加所有字段(除单价设为 Single 类型外,其他可定义为 Text 类型),输完所有字段后,单击"生成表"按钮,生成"药品"表。

⑤ 在数据库左窗口的"药品"上单击鼠标右键,在出现的菜单中选择"打开",打开记录编辑窗口"Dynaset:药品",在该窗口中,将表 7-1 的数据通过添加记录的方法输入到数据库中。

⑥ 在 SQL 语句窗口,输入查询语句"SELECT * FROM 药品 WHERE 单价 > 10",单击"执行"按钮,可以查看结果。

【题 22】 利用【题 21】建立的数据库,设计一个窗体,使用数据控件 Data、文本控件 Text 浏览药品表内的记录。

解析:本题采用 Data 控件连接数据库。将数据控件 Data1 的 Connect 属性设置为 Access,DatabaseName 属性指定数据库"药品.mdb"。操作步骤如下:

① 启动 Microsoft Visual Basic 6.0。

② 打开新的"标准 EXE"工程。

③ 在窗体上放置一个数据控件 Data1、4 个标签及 4 个文本框。

④ 将数据控件 Data1 的 Connect 属性设置为 Access,DatabaseName 属性指定数据库"药品.mdb"(包括路径名),RecordSetType 属性设置为 Table 类型,RecordSource 属性设置为"药品"。

⑤ 窗体及控件的属性设置如表 7-2 所示,其中 4 个文本框分别绑定到"药品"表的各个字段上,控件摆放位置可以参考图 7-1。

表 7-2　控件属性设置

控件名称	控件属性	属性值
From	Caption DataBaseName	数据浏览 药品.mdb
Data1	RecordSource Connect RecordSetType	药品 Access Table
Frame1	Caption	药品信息浏览
Label1	Caption	编码
Label2	Caption	药品名称
Label3	Caption	单位
Label4	Caption	单价
Text1	DataSource DataField	Data1 编码

续表

控件名称	控件属性	属性值
Text2	DataSource DataField	Data1 药品名称
Text3	DataSource DataField	Data1 单位
Text4	DataSource DataField	Data1 单价

⑥ 保存工程及窗体并运行程序,结果如图 7 – 1 所示。

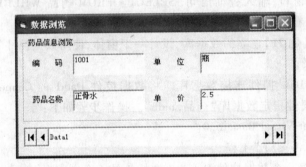

图 7 – 1　第 7 章题 22 运行界面

【精选习题与答案】

1. 选择题

(1) 在 VisData 中每次能打开_____数据库。

A)1 个　　　　　　B)2 个　　　　　　C)3 个　　　　　　D)多个

(2) 通过设置 ADO 数据控件的_____属性可以建立该控件到数据源的连接信息。

A)RecordSource　　B)Recordset　　　　C)ConnectionString　　D)DataBase

(3) _____可以启动数据窗体向导。

A)单击"外接程序"菜单中的"数据窗体向导"命令

B)单击"工程"菜单中的"Data Environment"命令

C)单击"工程"菜单中的"添加 Data Report"命令

D)单击"工具"命令中的"选项"命令

(4) 通过设置 ADO 数据控件的_____属性可以确定具体可以访问的数据,这些数据构成了记录集对象 RecordSet。

A)RecordSource　　B)Recordset　　　　C)ConnectionString　　D)DataBase

(5) 使用 Field 对象的_____属性可以返回当前记录的字段值。

A)Value　　　　　　B)Name　　　　　　C)Caption　　　　　　D)Text

(6) 数据库(DB)、数据库系统(DBS)、数据库管理系统(DBMS)之间的关系是_____。

A)DB 包含 DBS 和 DBMS　　　　　　B)DBMS 包含 DB 和 DBS

C）DBS 包含 DB 和 DBMS   D）没有任何关系

（7）_____ 不能作为 VB 与数据库引擎的接口。

A）数据控件   B）数据访问对象   C）ADO 控件   D）通用对话框控件

（8）下列不是数据库基本操作的是_____。

A）增加记录   B）修改记录   C）删除记录   D）绑定数据库

（9）UPDATE 语句的功能是_____。

A）数据定义   B）修改列的内容   C）修改列的属性   D）数据查询功能

（10）下列说法正确的是_____。

A）DELETE 语句的操作是指从表中删除字段

B）DELETE 语句的操作是指从表中删除属性

C）DELETE 语句的操作是指从表中删除记录

D）DELETE 语句的操作是指删除数据库文件

2．填空题

（1）DBMS 是_____的简称。

（2）二维关系数据表是指由_____和_____组合而成的数据集合。

（3）记录集是数据表中的_____或者执行一个查询而产生的_____。

（4）删除"学生成绩登记表"中成绩在 60 分以下的记录，相应的 DELETE 语句为_____。

（5）Data 控件是 Visual Basic 的_____控件。

（6）在 VB 中可以使用 3 种数据访问接口：_____、_____和_____。

（7）在学生成绩登记表中，选出成绩在 80～90 分之间的记录，则实现的 SQL 语句是_____。

（8）在学生成绩登记表中，将课程名称为"VB 编程"的值改为"VB 程序设计"，则实现的 SQL 语句是_____。

（9）数据控件的 4 个按钮分别是用来指向_____、_____、_____和_____。

（10）ADO 对象模型的核心主要是_____对象、_____对象和_____对象。

3．操作题

（1）使用 ADO 数据控件实现对"药品.mdb"数据库中"药品"表记录的浏览、添加、删除及修改。参考界面如图 7-2 所示。

图 7-2　第 7 章操作题（1）运行界面

（2）使用 SELECT 语句查询所有"单位"为"瓶"的药品。

（3）使用 UPDATE 语句将所有药品的单价在原价基础上提高 1%。

习题答案

1. 选择题

（1）A　　（2）C　　（3）A　　（4）A　　（5）A　　（6）C　　（7）D　　（8）D　　（9）B

（10）C

2. 填空题

（1）数据库管理系统

（2）记录（行），字段（列）

（3）记录，记录集

（4）DELETE From 学生成绩表 Where 成绩 < 60

（5）内置

（6）ADO,DAO,RDO

（7）SELECT ＊ FROM 学生成绩登记表 WHERE 成绩 BETWEEN 80 AND 90

（8）UPDATE 学生成绩登记表 SET 课程名称 = 'VB 程序设计 'WHERE 课程名称 = 'VB 编程 '

（9）前一个,后一个,第一个,最后一个

（10）Connection,Command,RecordSet

3. 操作题

（1）操作要点：

① ADO Data 控件属于 ActiveX 控件,可以通过工具菜单的部件选项,并选择"控件"属性页中的"Microsoft ADO Data Control 6.0（OLEDB）"复选框进行加载,此时该控件出现在工具箱中。

② 在窗体上放置一个 ADO 数据控件 Adodc1,设置 Adodc1 控件的 ConnectionString 连接到"药品.mdb"数据库。设置 RecordSource 属性将记录源设置到"药品"表。

③ 在窗体上放置 4 个标签及 4 个文本框,参见图 7 - 2,其中将文本框的 DataSource 属性设为 Adodc1,DataField 属性分别设置为编码、药品名称、单位和单价。

④ 添加 3 个按钮,其 Caption 属性参见图 7 - 2。

⑤ 关键代码：

```
Private Sub Command1_Click( ) '添加

Adodc1. Recordset. AddNew

End Sub

Private Sub Command2_Click( ) '删除

Dim msg

msg = MsgBox( "确定要删除吗?" ,vbYesNo, "删除记录" )

If msg = vbYes Then

Adodc1. Recordset. Delete

Adodc1. Recordset. MoveLast
```

End If
End Sub
Private Sub Command3_Click( ) '修改
Adodc1. Recordset. Update
End Sub
(2) 关键语句:SELECT * FROM 药品 WHERE 单位 = '瓶'
(3) 关键语句:UPDATE 药品 SET 单价 = 单价 + 单价 * 0.01

参考文献

[1] 郑阿奇.Visual Basic 教程[M].北京:清华大学出版社,2005.

[2] 谭浩强,等.Visual Basic 程序设计[M].北京:清华大学出版社,2001.

[3] 李志中,等.Visual Basic 2005 编程基础与项目实践[M],2007.

[4] 刘圣才,李春葆.Visual Basic 程序设计题典[M].北京:清华大学出版社,2002.

[5] 叶建灵,等.二级 Visual Basic 语言程序设计[M].北京:电子工业出版社,2007.

[6] 刘炳文.Visual Basic 程序设计[M].北京:清华大学出版社,2006.

[7] 邱李华,等.Visual Basic 程序设计教程习题集[M].北京:机械工业出版社,2007.

[8] 龚沛曾,等.Visual Basic 程序设计与应用开发教程[M].北京:高等教育出版社,2004.

[9] 王瑾德,等.Visual Basic 试题解析与学习指导[M].北京:清华大学出版社,2006.

[10] 王学军,等.Visual Basic 程序设计上机指导与习题集[M].北京:中国铁道出版社,
2008.